U0160529

偏微分方程的 Chebyshev 谱方法及地球物理应用

童孝忠　孙　娅　编著

科学出版社

北　京

内 容 简 介

本书全面系统地介绍了三类典型偏微分方程——稳定场方程、热传导方程和波动方程求解的 Chebyshev 谱方法。全书共 8 章：第 1 章导出典型偏微分方程与定解条件；第 2 章介绍 Chebyshev 谱方法基础；第 3～5 章介绍利用 Chebyshev 谱方法求解稳定场方程、热传导方程和波动方程；第 6～8 章讨论 Chebyshev 谱方法在地球物理正演中的实例，书中的实例均经过验证。本书的取材大多出自科研与教学实践，在内容安排上注重理论的系统性和自包容性，同时也兼顾实际应用中的各类技术问题。

本书可作为本科生课程"计算地球物理"和"地球物理特殊方程"的教材或教学参考书，也可作为研究生、科研和工程技术人员的参考用书。

图书在版编目（CIP）数据

偏微分方程的 Chebyshev 谱方法及地球物理应用/童孝忠，孙娅编著. —北京：科学出版社，2020.1
   ISBN 978-7-03-064046-8

   Ⅰ. ①偏…　Ⅱ. ①童…　②孙…　Ⅲ. ①切比雪夫多项式–应用–地球物理学–研究　Ⅳ. ①P3

中国版本图书馆 CIP 数据核字（2020）第 008977 号

责任编辑：王　运　赵　颖 / 责任校对：彭珍珍
责任印制：赵　博 / 封面设计：图阅盛世

科学出版社 出版
北京东黄城根北街 16 号
邮政编码：100717
http://www.sciencep.com
北京中石油彩色印刷有限责任公司印刷
科学出版社发行　各地新华书店经销
*
2020 年 1 月第 一 版　开本：720×1000　1/16
2025 年 2 月第四次印刷　印张：11
字数：220 000
定价：98.00 元
（如有印装质量问题，我社负责调换）

前　言

现代科学、技术、工程中的大量数学模型都可以用微分方程来描述，很多近代自然科学的基本方程本身就是微分方程。绝大多数微分方程(特别是偏微分方程)定解问题的解很难用解析形式来表示。在科学的计算机发展过程中，科学与工程计算作为一门工具性、方法性、边缘交叉性的新学科开始了自己的新发展，微分方程数值解法也得到了前所未有的发展和应用。

全书共 8 章。第 1 章从实际物理问题出发，详细介绍了建立偏微分方程模型的基本方法，以及如何根据物理背景确定定解条件。第 2 章介绍了 Chebyshev 谱方法的基础知识，以 Chebyshev 多项式与拉格朗日插值为基础，建立了 Chebyshev 求导矩阵。第 3~5 章，主要介绍了 Chebyshev 谱方法求解一维与二维稳定场方程、热传导方程和波动方程，详细讨论了 Dirichlet 边界条件、Neumann 边界条件与 Robin 边界条件的处理办法。第 6~8 章，讨论了 Chebyshev 谱方法在地球物理正演计算中的应用，分别举例介绍了稳定场方程中的大地电磁测深问题、热传导方程中的地温场问题以及波动方程中的地震波场问题。

考虑到一门课程的授课时间和授课对象等因素，本书的撰写主要注意了以下几个方面：

(1) 依据"课时少、内容多、应用广、实践性强"的特点，在内容编排上，尽量精简非必要的部分，着重讲解 Chebyshev 谱方法最基本的内容；

(2) 对需要学生掌握的内容，做到深入浅出，实例引导，讲解翔实，既为教师讲授提供了较大的选择余地，又为学生自主学习提供了方便；

(3) 适当地加入了三个地球物理正演问题的应用实例，以期让学生了解偏微分方程数值计算方法的实用性，同时以便大家更好地理解 Chebyshev 谱方法的数值表现；

(4) 偏微分方程数值解法与 Matlab 程序设计相结合，采用当前最流行的数学软件 Matlab 编写了 Chebyshev 谱方法数值近似计算程序，书中所有程序均在计算机上经过调试和运行，简洁而不乏准确性。

本书是笔者在多年科学实践和教学经验的基础上编写而成，可作为地球物理专业本科生和研究生的教学用书，也可作为科研和工程技术人员的参考用书。读者需要具备微积分、线性代数、偏微分方程和 Matlab 语言方面的初步知识。书中有关的 Matlab 程序代码以及教材使用中的问题可以通过笔者主页 http://faculty.

csu.edu.cn/xztong 或电子邮箱 csumaysnow@ csu.edu.cn 与笔者联系。

在本书编写过程中，中南大学的刘海飞老师给予了大力支持并提出了完善结构、体系方面的建议；东华理工大学的汤文武老师对本书的写作纲要提出了具体的补充与调整建议并予以鼓励。同时，特别感谢中国海洋大学的刘颖老师提出的宝贵意见及与其有益的讨论。

由于笔者水平有限，加上时间仓促，书中难免有不妥之处，敬请读者批评指正。

童孝忠

2019 年 9 月于岳麓山

目　　录

第1章　偏微分方程与定解条件

许多物理现象或过程受多个因素的影响而按一定规律变化，描述这种现象或过程的数学形式称为偏微分方程。本章我们将从几个简单的物理模型出发，推导出典型的偏微分方程及其相应的定解条件，同时也对二阶偏微分方程进行分类。

1.1　波动方程的导出

1.1.1　弦振动方程

弦振动方程是在 18 世纪由达朗贝尔(D'Alembert)等首先进行系统研究的，它是一大类偏微分方程的典型代表。弦的振动问题，虽然是一个古典问题，但对于初学者仍然具有一定的启发性，下面我们将从物理问题出发来导出弦振动方程。

设有一根完全柔软的均匀弦，平衡时沿直线拉紧，而且除受不随时间而变的张力作用及弦本身的重力外，不受外力影响。下面研究弦作微小横向振动的规律。所谓"横向"是指全部运动出现在一个平面上，而且弦上的点垂直于 x 轴方向运动，如图 1.1 所示；所谓"微小"是指振动的幅度及弦在任意位置处切线的倾角都很小，以至于高于一次方的项都可以忽略不计。

取弦的平衡位置为 x 轴，且令一个端点的坐标为 $x=0$，另一个端点为 $x=L$，且设 $u(x,t)$ 是坐标为 x 的弦上一点在 t 时刻的(横向)位移。采用微元法的思想，我们把弦上点的运动先看成小弧段的运动，然后再考虑小弧段趋于零的极限情况。这一段弧长是如此之小，以至于可以把它看成是质点。在弦上任取一弧段 MM'，其长为 $\mathrm{d}s$，设 ρ 为弦的线密度，弧段 MM' 两端所受的张力记作 T 和 T'。

由于假定弦是完全柔软的，所以在任一点处张力的方向总是沿着弦在该点的切线方向。我们考虑弧段 MM' 在 t 时刻的受力情况，利用牛顿运动定律，作用于弧段

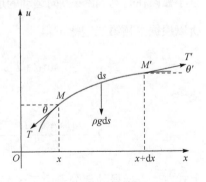

图 1.1　弦的横向振动示意图

上任一方向上的力的总和等于这段弧的质量乘以该方向上的加速度。

在 x 轴方向弧段 MM' 受力的总和为

$$F_x = T'\cos\theta' - T\cos\theta$$

由于弦只作横向振动，所以有

$$T'\cos\theta' - T\cos\theta = 0 \tag{1.1}$$

按照上述弦振动微小的假设，可知在振动过程中弦上 M 点与 M' 点处切线的倾角都很小，即 $\theta \approx 0$，$\theta' \approx 0$，从而由

$$\cos\theta = 1 - \frac{\theta^2}{2!} + \frac{\theta^4}{4!} - \cdots$$

可知，当我们略去高阶无穷小时，就有

$$\cos\theta \approx 1, \quad \cos\theta' \approx 1$$

代入式(1.1)，便可近似得到

$$T = T'$$

在 u 轴方向上，弧段 MM' 受力的总和为

$$F_u = -T\sin\theta + T'\sin\theta' - \rho g ds$$

其中，$-\rho g ds$ 是弧段 MM' 的重力。当 $\theta \approx 0$，$\theta' \approx 0$ 时，有

$$\sin\theta = \frac{\tan\theta}{\sqrt{1+\tan^2\theta}} \approx \tan\theta = \frac{\partial u(x,t)}{\partial x}$$

$$\sin\theta' \approx \tan\theta' = \frac{\partial u(x+dx,t)}{\partial x}$$

$$ds = \frac{dx}{\cos\theta} \approx dx$$

且小弧段在时刻 t 沿 u 方向运动的加速度近似为 $\dfrac{\partial^2 u(x,t)}{\partial t^2}$，小弧段的质量为 ρds，所以根据牛顿第二定律可得

$$-T\sin\theta + T'\sin\theta' - \rho g ds \approx \rho ds \frac{\partial^2 u(x,t)}{\partial t^2}$$

或

$$T\left[\frac{\partial u(x+dx,t)}{\partial x} - \frac{\partial u(x,t)}{\partial x}\right] - \rho g dx \approx \rho dx \frac{\partial^2 u(x,t)}{\partial t^2} \tag{1.2}$$

上式左边方括号的部分是由于 x 产生 dx 的变化而引起的 $\dfrac{\partial u(x,t)}{\partial x}$ 改变量，由微分

中值定理可得

$$\frac{\partial u(x+\mathrm{d}x,t)}{\partial x}-\frac{\partial u(x,t)}{\partial x}=\frac{\partial}{\partial x}\left[\frac{\partial(\xi,t)}{\partial x}\right]\mathrm{d}x=\frac{\partial^2 u(\xi,t)}{\partial x^2}\mathrm{d}x$$

其中，$x \leqslant \xi \leqslant x+\mathrm{d}x$，于是

$$T\left[\frac{\partial^2 u(\xi,t)}{\partial x^2}-\rho g\right]\mathrm{d}x \approx \rho\frac{\partial^2 u(x,t)}{\partial t^2}\mathrm{d}x$$

令 $\mathrm{d}x \to 0$，则 $\xi \to x$，得

$$\frac{T}{\rho}\frac{\partial^2 u(x,t)}{\partial x^2}=\frac{\partial^2 u(x,t)}{\partial t^2}+g$$

通常情况下，弦绷得很紧，张力较大，导致弦振动速度变化很快，即 $\dfrac{\partial^2 u}{\partial t^2}$ 比 g 大得多，所以 g 可以略去。经过这样逐步略去一些次要的量，抓住主要的量，在 $u(x,t)$ 关于 x、t 都是二次连续可微的前提下，最后得出 $u(x,t)$ 应近似地满足方程

$$\frac{\partial^2 u}{\partial t^2}=a^2\frac{\partial^2 u}{\partial x^2} \tag{1.3}$$

这里的 $a^2=T/\rho$。式(1.3)称为弦振动方程，因为表示空间位置的变量只有一个，因此该方程又叫**一维波动方程**(王元明，2012)。

如果弦在振动过程中，弦上另外还受到一个与弦的振动方向平行的外力，且假定在时刻 t 弦上 x 点处的外力为 $F(x, t)$，显然，这时式(1.1)和式(1.2)分别写为

$$T'\cos\theta' - T\cos\theta = 0$$

$$F\mathrm{d}s - T\sin\theta + T'\sin\theta' - \rho g\mathrm{d}s \approx \rho\mathrm{d}s\frac{\partial^2 u(x,t)}{\partial t^2}$$

利用前面的推导方法并略去弦本身的重量，可得弦的强迫振动方程为

$$\frac{\partial^2 u}{\partial t^2}=a^2\frac{\partial^2 u}{\partial x^2}+f(x,t) \tag{1.4}$$

其中，$f(x,t)=\dfrac{1}{\rho}F(x,t)$，表示 t 时刻单位质量的弦在 x 点处所受的外力。

方程(1.3)与方程(1.4)的差别在于方程(1.4)的右端多了一个与未知函数 u 无关的项 $f(x,t)$，这个项称为**自由项**。含有非零自由项的方程称为**非齐次方程**，而自由项恒等于零的方程称为**齐次方程**。因此，式(1.3)为齐次一维波动方程，式(1.4)为非齐次一维波动方程。

一维波动方程只是波动方程中最简单的情况，在流体力学、声学及电磁场理论中，还要研究高维的波动方程。

1.1.2 时变电磁场方程

麦克斯韦(Maxwell)方程组是电磁场必须遵从的微分方程组，含有以下四个方程，分别反映了四条基本的物理定律(何继善，2012)：

$$\nabla \times \boldsymbol{E} = -\frac{\partial \boldsymbol{B}}{\partial t} \qquad \text{(法拉第定律)} \tag{1.5}$$

$$\nabla \times \boldsymbol{H} = \boldsymbol{j} + \frac{\partial \boldsymbol{D}}{\partial t} \qquad \text{(安培定律)} \tag{1.6}$$

$$\nabla \cdot \boldsymbol{B} = 0 \qquad \text{(磁通量连续性原理)} \tag{1.7}$$

$$\nabla \cdot \boldsymbol{D} = \rho \qquad \text{(库仑定律)} \tag{1.8}$$

式中，$\boldsymbol{E}$ 为电场强度(V/m)；$\boldsymbol{B}$ 为磁感应强度或磁通密度(Wb/m^2)；$\boldsymbol{D}$ 为电感应强度或电位移(C/m^2)；$\boldsymbol{H}$ 为磁场强度(A/m)；$\boldsymbol{j}$ 为电流密度(A/m^2)；ρ 为自由电荷密度(C/m^3)。

假设地球模型为各向同性介质，则电磁场的基本量可通过物性参数 ε 和 μ 联系起来，它们的关系是

$$\boldsymbol{D} = \varepsilon \boldsymbol{E} \tag{1.9}$$

$$\boldsymbol{B} = \mu \boldsymbol{H} \tag{1.10}$$

$$\boldsymbol{j} = \sigma \boldsymbol{E} \qquad \text{(欧姆定律)} \tag{1.11}$$

式中，σ 为介质的电导率(S/m)；而 ε 和 μ 分别为介质的介电常数和磁导率，取 $\varepsilon = 8.85 \times 10^{-12}\,\text{F/m}$ 和 $\mu = 4\pi \times 10^{-7}\,\text{H/m}$。

在实用单位制下，如令初始状态时介质内不带电荷，采用式(1.5)～式(1.8)所示的介质方程组后，各向同性介质的 Maxwell 方程组可变为

$$\nabla \times \boldsymbol{E} = -\mu \frac{\partial \boldsymbol{H}}{\partial t} \tag{1.12}$$

$$\nabla \times \boldsymbol{H} = \sigma \boldsymbol{E} + \varepsilon \frac{\partial \boldsymbol{E}}{\partial t} \tag{1.13}$$

$$\nabla \cdot \boldsymbol{H} = 0 \tag{1.14}$$

$$\nabla \cdot \boldsymbol{E} = 0 \tag{1.15}$$

对式(1.12)和式(1.13)两边分别取旋度：

$$\nabla \times \nabla \times \boldsymbol{E} = -\mu \frac{\partial}{\partial t}(\nabla \times \boldsymbol{H}) \tag{1.16}$$

$$\nabla \times \nabla \times \boldsymbol{H} = \sigma(\nabla \times \boldsymbol{E}) + \varepsilon \frac{\partial}{\partial t}(\nabla \times \boldsymbol{E}) \tag{1.17}$$

整理后可得

$$\nabla \times \nabla \times \boldsymbol{E} + \mu\varepsilon \frac{\partial^2 \boldsymbol{E}}{\partial t^2} + \mu\sigma \frac{\partial \boldsymbol{E}}{\partial t} = 0 \tag{1.18}$$

$$\nabla \times \nabla \times \boldsymbol{H} + \mu\varepsilon \frac{\partial^2 \boldsymbol{H}}{\partial t^2} + \mu\sigma \frac{\partial \boldsymbol{H}}{\partial t} = 0 \tag{1.19}$$

根据矢量分析公式

$$\nabla \times \nabla \times \boldsymbol{E} = \nabla(\nabla \cdot \boldsymbol{E}) - \nabla^2 \boldsymbol{E} = -\nabla^2 \boldsymbol{E} \tag{1.20}$$

$$\nabla \times \nabla \times \boldsymbol{H} = \nabla(\nabla \cdot \boldsymbol{H}) - \nabla^2 \boldsymbol{H} = -\nabla^2 \boldsymbol{H} \tag{1.21}$$

式(1.18)和式(1.19)可以改写为

$$\nabla^2 \boldsymbol{E} - \mu\varepsilon \frac{\partial^2 \boldsymbol{E}}{\partial t^2} - \mu\sigma \frac{\partial \boldsymbol{E}}{\partial t} = 0 \tag{1.22}$$

$$\nabla^2 \boldsymbol{H} - \mu\varepsilon \frac{\partial^2 \boldsymbol{H}}{\partial t^2} - \mu\sigma \frac{\partial \boldsymbol{H}}{\partial t} = 0 \tag{1.23}$$

由于我们未对 $\boldsymbol{E}$、$\boldsymbol{H}$ 随时间 t 的规律作任何限制，$\boldsymbol{E}$ 和 $\boldsymbol{H}$ 可以是任何一种形式的时间函数(如阶跃函数、脉冲函数等)，故式(1.22)和式(1.23)称为**时间域电磁场的波动方程**。

1.2　热传导方程的导出

推导热传导方程所用的数学方法与弦振动方程完全相同，不同之处在于具体的物理规律不同。这里用到的是热学方面的两个基本规律，即能量守恒定律和热传导的傅里叶(Fourier)定律。前者大家都很熟悉，这里只扼要介绍一下后者。

设有一块连续介质，取一定坐标系，并用 $u(x,y,z,t)$ 表示介质内空间坐标为 (x,y,z) 的一点在 t 时刻的温度。若沿 x 方向有一定的温度差，则经验告诉我们，在 x 方向也就一定有热量的传递。从宏观上看，实验表明，单位时间内通过垂直于 x 方向的单位面积的热量 q 与温度的空间变化规律成正比，即

$$q = -k \frac{\partial u}{\partial x} \tag{1.24}$$

其中，q 称为热流密度，或热通量(heat flux)(W/m^2)；k 称为物体的热导率[W/(m·K)]。k 与介质的质料有关，而且严格说来，与温度 u 也有关系，但如果温度的变化范围不大，则可以将 k 看成与 u 无关。式(1.24)中的负号表示热流的方向和温度变化的方向正好相反，即热量由高温流向低温。

如果要研究三维各向同性介质中的热传导，在介质中三个方向上都存在温度差，则有

$$q_x = -k\frac{\partial u}{\partial x}, \quad q_y = -k\frac{\partial u}{\partial y}, \quad q_z = -k\frac{\partial u}{\partial z} \tag{1.25a}$$

或

$$\boldsymbol{q} = -k\nabla u \tag{1.25b}$$

即热流密度矢量 $\boldsymbol{q}$ 与温度梯度 ∇u 成正比。

设想在介质内部隔离出一个平行六面体(图 1.2),六个面都和坐标面重合。首先看 dt 时间内沿 x 方向流入六面体的热量(吴崇试,2015):

$$\left[-(q_x)_x + (q_x)_{x+dx}\right]dydzdt = \left[\left(k\frac{\partial u}{\partial x}\right)_{x+dx} - \left(k\frac{\partial u}{\partial x}\right)_x\right]dydzdt$$

$$= k\frac{\partial^2 u}{\partial x^2}dxdydzdt$$

同理,在 dt 时间内沿 y 方向流入六面体的热量为

$$\left[-(q_y)_y + (q_y)_{y+dy}\right]dxdzdt = k\frac{\partial^2 u}{\partial y^2}dxdydzdt$$

在 dt 时间内沿 z 方向流入六面体的热量为

$$\left[-(q_z)_z + (q_z)_{z+dz}\right]dxdydt = k\frac{\partial^2 u}{\partial z^2}dxdydzdt$$

如果六面体内没有其他热量来源或消耗,则根据能量守恒定律,净流入的热量应该等于介质在此时间内温度升高所需要的热量

$$k\left(\frac{\partial^2 u}{\partial x^2} + \frac{\partial^2 u}{\partial y^2} + \frac{\partial^2 u}{\partial z^2}\right)dxdydzdt = \rho dxdydz \cdot c \cdot (u_{t+dt} - u_t)$$

而 $u_{t+dt} - u_t = \dfrac{\partial u}{\partial t} \cdot dt$,因此有

$$\frac{\partial u}{\partial t} = \frac{k}{\rho c}\nabla^2 u \tag{1.26}$$

其中, ρ 是介质的密度(kg/m^3); c 是比热容[J/(kg · K)]; k 是热导率[W/(m · K)]。

令 $a^2 = \dfrac{k}{\rho c}$,则式(1.26)变成

$$\frac{\partial u}{\partial t} = a^2\nabla^2 u \tag{1.27}$$

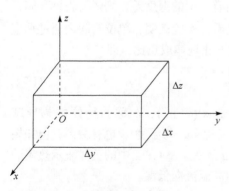

图 1.2　热传导方程位于点(x, y, z)的小六面体

方程(1.27)称为**三维热传导方程**。

若物体内有热源,其强度为 $F(x, y, z, t)$,

则相应的热传导方程为

$$\frac{\partial u}{\partial t} = a^2 \nabla^2 u + f(x, y, z, t) \tag{1.28}$$

其中，$f = \dfrac{F}{\rho c}$。

作为特例，如果所考虑的物体是一根细杆(或一块薄板)，或者即使不是细杆(或薄板)，而其中的温度 u 只与 x、t 或 x、y、t 有关，则方程(1.27)就变成**一维热传导方程**

$$\frac{\partial u}{\partial t} = a^2 \frac{\partial^2 u}{\partial x^2}$$

或二维热传导方程

$$\frac{\partial u}{\partial t} = a^2 \left(\frac{\partial^2 u}{\partial x^2} + \frac{\partial^2 u}{\partial y^2} \right)$$

在研究气体或液体的扩散过程时，若扩散系数是常数，则所得的扩散方程与热传导方程完全相同。

1.3　稳定场方程的导出

1.3.1　稳定问题

在 1.2 节中，我们建立了热传导方程，若导热物体内热源的分布情况不随时间变化，经过相当长时间后，则物体内部的温度将达到稳定状态，不再随时间变化，因而热传导方程中的 $\dfrac{\partial u}{\partial t} = 0$，于是式(1.28)变为

$$\nabla^2 u = -\frac{f}{\kappa} \tag{1.29}$$

式(1.29)称为**泊松(Poisson)方程**。特别是，如果 $f=0$，则有

$$\nabla^2 u = 0 \tag{1.30}$$

式(1.30)称为**拉普拉斯(Laplace)方程**，又称调和方程、位势方程。

这两种方程描写的是达到稳恒的物理状态。

在 1.1 节中，如果波动方程 $\dfrac{\partial^2 u}{\partial t^2} - a^2 \nabla^2 u = 0$ 的 $u(x, y, z, t)$ 随时间周期性地变化，频率为 ω，则

$$u(x, y, z, t) = v(x, y, z) e^{-i\omega t} \tag{1.31}$$

于是，$v(x,y,z)$ 满足下列方程

$$\nabla^2 v(x,y,z) + k^2 v(x,y,z) = 0 \tag{1.32}$$

其中，$k = \omega/a$ 称为波数。式(1.32)称为**亥姆霍兹(Helmholtz)方程**。

1.3.2　谐变电磁场方程

利用 Fourier 变换可将任意随时间变化的电磁场分解为一系列谐变场的组合，取时间域中的谐变因子为 $e^{-i\omega t}$，电场强度和磁场强度可表示为(童孝忠，2017)

$$\boldsymbol{E} = \boldsymbol{E}_0 \, e^{-i\omega t} \tag{1.33}$$

$$\boldsymbol{H} = \boldsymbol{H}_0 \, e^{-i\omega t} \tag{1.34}$$

根据式(1.12)～式(1.15)，谐变场的 Maxwell 方程组可表示为

$$\nabla \times \boldsymbol{E} = i\mu\omega \boldsymbol{H} \tag{1.35}$$

$$\nabla \times \boldsymbol{H} = (\sigma - i\omega\varepsilon)\boldsymbol{E} \tag{1.36}$$

$$\nabla \cdot \boldsymbol{E} = 0 \tag{1.37}$$

$$\nabla \cdot \boldsymbol{H} = 0 \tag{1.38}$$

对式(1.35)和式(1.36)两边分别取旋度：

$$\nabla \times \nabla \times \boldsymbol{E} = i\mu\omega (\nabla \times \boldsymbol{H}) \tag{1.39}$$

$$\nabla \times \nabla \times \boldsymbol{H} = (\sigma - i\omega\varepsilon)(\nabla \times \boldsymbol{E}) \tag{1.40}$$

整理后可得

$$\nabla \times \nabla \times \boldsymbol{E} = (i\omega\mu\sigma + \mu\varepsilon\omega^2)\boldsymbol{E} \tag{1.41}$$

$$\nabla \times \nabla \times \boldsymbol{H} = (i\omega\mu\sigma + \mu\varepsilon\omega^2)\boldsymbol{H} \tag{1.42}$$

根据矢量分析公式，式(1.41)和式(1.42)可以写成

$$\nabla^2 \boldsymbol{E} - k^2 \boldsymbol{E} = 0 \tag{1.43}$$

$$\nabla^2 \boldsymbol{H} - k^2 \boldsymbol{H} = 0 \tag{1.44}$$

其中，$k = \sqrt{-i\omega\mu\sigma - \mu\varepsilon\omega^2}$ 为传播系数，它是一个复数，亦称为复波数。式(1.43)和式(1.44)已经转换到了频率域，它们是频率域电磁场方程，称为**亥姆霍兹方程**。

1.3.3　引力位与重力位方程

引力场的第一基本定律和第二基本定律形式为(曾华霖，2005)

$$\begin{aligned} \nabla \cdot F &= -4\pi G\rho \\ \nabla \times F &= 0 \end{aligned} \tag{1.45}$$

式中，F 为场强度；G 为万有引力常数，其值等于 $6.6732 \times 10^{-11} \, \text{N} \cdot \text{m}^2/\text{kg}^2$；$\rho$ 为密度。

引力位的梯度与场强度的关系式为

$$F = \nabla V \tag{1.46}$$

结合式(1.45)和式(1.46)，可以得到引力位满足的泊松方程：

$$\nabla^2 V = -4\pi G \rho \tag{1.47}$$

上式在直角坐标系中可写为

$$\nabla^2 V = \frac{\partial^2 V}{\partial x^2} + \frac{\partial^2 V}{\partial y^2} + \frac{\partial^2 V}{\partial z^2} = -4\pi G \rho$$

若讨论的区域没有质量分布，则泊松方程变为拉普拉斯方程：

$$\nabla^2 V = 0 \tag{1.48}$$

另外，由于离心力位(U)的二次导数为

$$\frac{\partial^2 U}{\partial x^2} = \omega^2, \quad \frac{\partial^2 U}{\partial y^2} = \omega^2, \quad \frac{\partial^2 U}{\partial z^2} = 0$$

所以满足关系式：

$$\nabla^2 U = 2\omega^2 \tag{1.49}$$

式中，ω 为地球自转角速度。再考虑到重力位(W)的计算公式：

$$W = V + U \tag{1.50}$$

由此可知，地球内部、外部重力位分别满足

$$\nabla^2 W = 2\omega^2 \tag{1.51}$$

与

$$\nabla^2 W = -4\pi G \rho + 2\omega^2 \tag{1.52}$$

1.4　边界条件与初始条件

上面几节所讨论的是如何将一个具体问题所具有的物理规律用数学公式表达出来，我们定义的这种由物理规律导出的偏微分方程称为**泛定方程**。除此之外，我们还需要把这个问题所具有的特定条件也用数学形式表达出来，这是因为任何一个具体的物理现象都是处在特定条件之下的。例如，弦振动问题，所推导出来的方程是一切柔软均匀的弦作微小横向振动的共同规律，在推导这个方程时没有考虑到弦在初始时刻的状态及弦所受的约束情况。如果我们不是泛泛地研究弦的振动，势必就要考虑到弦所具有的特定条件，这是因为任何一个振动物体在某时

刻的振动状态总是与此时刻以前的状态有关，从而就与初始时刻的状态有关。另外，弦的两端所受的约束也会影响弦的振动，端点所处的物理条件不同就会产生不同的影响，因而弦的振动也不同。因此，对弦振动问题来说，除了建立振动方程以外，还需列出它所处的特定条件。当然，对热传导方程、位势方程也是如此。

提出的条件应该能够用来说明某一具体物理现象的初始状态或者边界上的约束情况。用以说明初始状态的条件称为**初始条件**；用以说明边界上的约束情况的条件称为**边界条件**。

下面具体说明初始条件和边界条件的表达形式。

1) 初始条件

对于弦振动问题来说，初始条件就是弦在开始时刻 $t=0$ 时的位移及速度，若以 $\varphi(x)$ 和 $\phi(x)$ 分别表示初始位移和初始速度，则初始条件可以表示为

$$\begin{cases} u(x,t)\big|_{t=0}=\varphi(x) \\ \dfrac{\partial u(x,t)}{\partial t}\bigg|_{t=0}=\phi(x) \end{cases} \tag{1.53}$$

当 $\varphi(x)=\phi(x)=0$ 时，称之为齐次初始条件。

而对热传导方程来说，初始条件是指在开始时刻物体温度的分布情况，若以 $\varphi(x,y,z)$ 表示 $t=0$ 时物体内任一点处的温度，则热传导方程的初始条件就是

$$u(x,y,z,t)\big|_{t=0}=\varphi(x,y,z) \tag{1.54}$$

位势方程是描述稳恒状态的，与初始状态无关，所以不提初始条件。

2) 边界条件

还是从弦振动问题说起，由物理学可知，弦在振动时，其端点(以 $x=L$ 表示这个端点)所受的约束情况，通常有以下三种类型。

(1) 固定端。即弦在振动过程中这个端点始终保持不动，位移为零。对应于这种状态的边界条件为

$$u(x,t)\big|_{x=L}=0 \tag{1.55}$$

或

$$u(L,t)=0$$

(2) 自由端。即弦在这个端点不受位移方向的外力，从而这个端点在位移方向上的张力为零。由 1.1 节的推导过程可知，对应于这种状态的边界条件为

$$T\frac{\partial u(x,t)}{\partial x}\bigg|_{x=L}=0$$

即

$$\left.\frac{\partial u}{\partial x}\right|_{x=L}=0 \tag{1.56}$$

或

$$u_x(L,t)=0$$

(3) 弹性支承端。即弦在这个端点被某个弹性体所支承。设弹性体支承原来的位置为 $u=0$，则 $u|_{x=L}=0$ 就表示弹性支承的应变，由胡克(Hooke)定律可知，弦在 $x=L$ 处沿位移方向的张力 $T\left.\frac{\partial u}{\partial x}\right|_{x=L}$ 应该等于 $-ku|_{x=L}$，即

$$T\left.\frac{\partial u}{\partial x}\right|_{x=L}=-ku|_{x=L} \quad 或 \quad \left.\left(\frac{\partial u}{\partial x}+\sigma u\right)\right|_{x=L}=0 \tag{1.57}$$

其中，k 为弹性体的刚度系数，且有 $\sigma=k/T$。

对于热传导方程来说，也有类似的情况。以 $\varGamma$ 表示某物体 V 的边界，如果在导热过程中边界 $\varGamma$ 的温度为已知的函数 $f(x,y,z,t)$，则这时的边界条件为

$$u(x,y,z,t)|_{\varGamma}=f(x,y,z,t) \tag{1.58}$$

这里的 $f(x,y,z,t)$ 是定义在 $\varGamma$ 上(一般依赖于 t)的函数。

如果在导热过程中，物体 V 与周围的介质处于绝热状态，或者说，在 $\varGamma$ 上的热量流速为零，这时从 1.2 节的推导过程可知，在边界 $\varGamma$ 上必满足

$$\left.\frac{\partial u}{\partial n}\right|_{\varGamma}=0 \tag{1.59}$$

如果物体的内部和周围的介质通过边界 $\varGamma$ 有热量交换，以 u_1 表示和物体接触处的介质温度，这时利用热传导中的牛顿实验定律可知

$$\mathrm{d}Q=k_1(u-u_1)\mathrm{d}S\mathrm{d}t \tag{1.60}$$

其中，k_1 是两介质间的热交换系数。在物体内部任取一个无限贴近于边界 $\varGamma$ 的闭曲面 $\varSigma$，由于在 $\varGamma$ 内侧热量不能积累，所以在 $\varSigma$ 上的热量流速应等于边界 $\varGamma$ 上的热量流速，而在 $\varSigma$ 上的热量流速 $\left.\frac{\mathrm{d}Q}{\mathrm{d}S\mathrm{d}t}\right|_{\varSigma}=-k\left.\frac{\partial u}{\partial n}\right|_{\varSigma}$，因此当物体和外界有热交换时，相应的边界条件为

$$-k\left.\frac{\partial u}{\partial n}\right|_{\varGamma}=k_1(u-u_1)|_{\varGamma}$$

即

$$\left.\left(\frac{\partial u}{\partial n}+\sigma u\right)\right|_{\varGamma}=\sigma u_1|_{\varGamma} \tag{1.61}$$

其中，$\sigma = k_1/k$。

综合上述可知，无论是对弦振动问题，还是热传导问题，它们所对应的边界条件，从数学角度看不外乎有以下三种类型(刘安平等，2009)。

一是在边界 $\varGamma$ 上直接给出了未知函数 u 的数值，即

$$u\big|_\varGamma = f_1 \tag{1.62}$$

这种形式的边界条件称为**第一类边界条件**，又称**狄利克雷(Dirichlet)边界条件**。

二是在边界 $\varGamma$ 上给出了未知函数 u 沿 $\varGamma$ 的外法线方向的方向导数，即

$$\frac{\partial u}{\partial n}\bigg|_\varGamma = f_2 \tag{1.63}$$

这种形式的边界条件称为**第二类边界条件**，又称**诺伊曼(Neumann)边界条件**。

三是在边界 $\varGamma$ 上给出了未知函数 u 及其沿 $\varGamma$ 的外法线方向的方向导数的某种线性组合的值，即

$$\left(\frac{\partial u}{\partial n} + \sigma u\right)\bigg|_\varGamma = f_3 \tag{1.64}$$

这种形式的边界条件称为**第三类边界条件**或**混合边界条件**，又称**罗宾(Robin)边界条件**。

需要注意的是式(1.62)～式(1.64)右端的 $f_i\,(i=1,2,3)$ 都是定义在边界 $\varGamma$ 上(一般说来，也依赖于 t)的已知函数。不论哪一类型的边界条件，当它的数学表达式中的自由项(即不依赖于 u 的项)恒为零时，这种边界条件称为**齐次的**，否则称为**非齐次的**。

1.5　定解问题的提法

1.5.1　定解问题及其适定性

前面几节我们推导了三种不同类型的偏微分方程并讨论了与它们相应的初始条件与边界条件的表达方式。由于这些方程中出现的未知函数的偏导数的最高阶都是二阶，而且它们对于未知函数及其各阶偏导数来说都是线性的，所以这种方程为**二阶线性偏微分方程**。在实际工程技术应用中，通常遇到的微分方程是二阶线性偏微分方程。

如果一个函数具有泛定方程中所需要的各阶连续偏导数，并且代入该方程中能使它变成恒等式，则此函数称为该方程的**解(古典解)**。由于每一个物理过程都处在特定的条件之下，所以我们的目的是要求出偏微分方程的适合某些特定条件的解。初始条件和边界条件都称为**定解条件**，而泛定方程和相应的定解条件结合

在一起，就构成了一个**定解问题**(Asmar，2004)。

只有初始条件，没有边界条件的定解问题称为**始值问题**[或柯西(Cauchy)问题]；反之，没有初始条件，只有边界条件的定解问题称为**边值问题**。既有初始条件也有边界条件的定解问题称为**混合问题**。

一个定解问题是否符合实际情况，必须靠实践来证实，而从数学角度来看，通常可以从以下三方面加以检验：

(1) 解的存在性，即看所归结出来的定解问题是否有解；

(2) 解的唯一性，即看是否只存在一个解；

(3) 解的稳定性，即看当定解条件发生微小变动时，解是否相应地只有微小的变动，如果确实如此，则该解便是稳定的。

如果一个定解问题存在唯一且稳定的解，则此问题称为适定的。在以后讨论中我们将主要讨论定解问题的解法，而很少讨论它的适定性，因为讨论定解问题的适定性往往十分困难，而本书所讨论的定解问题都是经典的，可以认为它们是适定的。

1.5.2　线性偏微分方程解的叠加性

在前面几节中，我们导出了几种典型的二阶偏微分方程，它们都是线性偏微分方程，也就是说，在方程中只出现对于未知函数的线性运算。为了下面的叙述简洁起见，不妨引进线性算符，进而把这些线性偏微分方程统一写成

$$Lu \equiv \sum_{i,k=1}^{n} A_{ik} \frac{\partial^2 u}{\partial x_i \partial x_k} + \sum_{i=1}^{n} B_i \frac{\partial u}{\partial x_i} + Cu = f \tag{1.65}$$

其中，A_{ik}，B_i，C 和 f 都只是 $x_1, x_2, \cdots, x_n$ 的已知函数，与未知函数 u 无关。具有非齐次项 f 的偏微分方程称为非齐次偏微分方程；如果 $f \equiv 0$，方程就是齐次的。

对于两个自变量的情形，式(1.65)可写为

$$a_{11}(x,y)\frac{\partial^2 u}{\partial x^2} + 2a_{12}(x,y)\frac{\partial^2 u}{\partial x \partial y} + a_{22}(x,y)\frac{\partial^2 u}{\partial y^2} + b_1(x,y)\frac{\partial u}{\partial x}$$

$$+ b_2(x,y)\frac{\partial u}{\partial y} + c(x,y)u = f(x,y) \tag{1.66}$$

下面不加证明地列出线性偏微分方程的几个基本性质，它们的证明都很简单，读者可以自己补证。

性质 1　若 u_1 和 u_2 都是齐次方程 $Lu = 0$ 的解

$$Lu_1 = 0 ，\quad Lu_2 = 0$$

则它们的线性组合 $c_1 u_1 + c_2 u_2$ 也是齐次方程的解

$$L(c_1 u_1 + c_2 u_2) = 0 \tag{1.67}$$

其中，c_1 和 c_2 是任意常数。

性质 2　若 u_1 和 u_2 都是非齐次方程 $Lu = f$ 的解

$$Lu_1 = f, \quad Lu_2 = f$$

则它们的差 $u_1 - u_2$ 一定是相应的齐次方程的解

$$L(u_1 - u_2) = 0 \tag{1.68}$$

换言之，非齐次方程的一个特解加上相应齐次方程的解仍是非齐次方程的解。

性质 3　若 u_1 和 u_2 分别满足非齐次方程

$$Lu_1 = f_1, \quad Lu_2 = f_2$$

则它们的线性组合 $c_1 u_1 + c_2 u_2$ 满足非齐次方程

$$L(c_1 u_1 + c_2 u_2) = c_1 f_1 + c_2 f_2 \tag{1.69}$$

1.6　二阶线性偏微分方程的分类

描述物理过程的偏微分方程是多种多样的，因此需要对方程进行分类，进而给出其标准型，这样我们就可以只讨论标准形式的方程的求解方法。

1.6.1　变系数线性偏微分方程

设二阶变系数线性偏微分方程为

$$a_{11} \frac{\partial^2 u}{\partial x^2} + 2a_{12} \frac{\partial^2 u}{\partial x \partial y} + a_{22} \frac{\partial^2 u}{\partial y^2} + b_1 \frac{\partial u}{\partial x} + b_2 \frac{\partial u}{\partial y} + cu + f = 0 \tag{1.70}$$

其中，系数 a_{11}，a_{12}，a_{22}，b_1，b_2，c 及自由项 f 均是 x，y 的函数。

我们的目的是利用自变量变换，使得在新的自变量下，方程(1.70)尽可能地得以简化，即变成所谓的标准型。

作自变量变换

$$\begin{cases} x = x(\xi, \eta) \\ y = y(\xi, \eta) \end{cases} \quad \text{即} \quad \begin{cases} \xi = \xi(x, y) \\ \eta = \eta(x, y) \end{cases}$$

假设雅可比(Jacobi)行列式 $\dfrac{\partial(\xi, \eta)}{\partial(x, y)} \neq 0$，以保证逆变换存在。经过复合函数求导有

$$\frac{\partial u}{\partial x} = \frac{\partial u}{\partial \xi} \frac{\partial \xi}{\partial x} + \frac{\partial u}{\partial \eta} \frac{\partial \eta}{\partial x}, \quad \frac{\partial u}{\partial y} = \frac{\partial u}{\partial \xi} \frac{\partial \xi}{\partial y} + \frac{\partial u}{\partial \eta} \frac{\partial \eta}{\partial y} \tag{1.71}$$

$$\frac{\partial^2 u}{\partial x^2} = \left(\frac{\partial^2 u}{\partial \xi^2}\frac{\partial \xi}{\partial x} + \frac{\partial^2 u}{\partial \xi \partial \eta}\frac{\partial \eta}{\partial x}\right)\frac{\partial \xi}{\partial x} + \frac{\partial u}{\partial \xi}\frac{\partial^2 \xi}{\partial x^2} + \left(\frac{\partial^2 u}{\partial \eta^2}\frac{\partial \eta}{\partial x} + \frac{\partial^2 u}{\partial \xi \partial \eta}\frac{\partial \xi}{\partial x}\right)\frac{\partial \eta}{\partial x} + \frac{\partial u}{\partial \eta}\frac{\partial^2 \eta}{\partial x^2}$$

$$= \frac{\partial^2 u}{\partial \xi^2}\left(\frac{\partial \xi}{\partial x}\right)^2 + 2\frac{\partial^2 u}{\partial \xi \partial \eta}\frac{\partial \xi}{\partial x}\frac{\partial \eta}{\partial x} + \frac{\partial^2 u}{\partial \eta^2}\left(\frac{\partial \eta}{\partial x}\right)^2 + \frac{\partial u}{\partial \xi}\frac{\partial^2 \xi}{\partial x^2} + \frac{\partial u}{\partial \eta}\frac{\partial^2 \eta}{\partial x^2} \tag{1.72}$$

$$\frac{\partial^2 u}{\partial x \partial y} = \frac{\partial^2 u}{\partial \xi^2}\frac{\partial \xi}{\partial x}\frac{\partial \xi}{\partial y} + \frac{\partial^2 u}{\partial \xi \partial \eta}\left(\frac{\partial \eta}{\partial y}\frac{\partial \xi}{\partial x} + \frac{\partial \eta}{\partial x}\frac{\partial \xi}{\partial y}\right)$$

$$+ \frac{\partial^2 u}{\partial \eta^2}\frac{\partial \eta}{\partial x}\frac{\partial \eta}{\partial y} + \frac{\partial u}{\partial \xi}\frac{\partial^2 \xi}{\partial x \partial y} + \frac{\partial u}{\partial \eta}\frac{\partial^2 \eta}{\partial x \partial y} \tag{1.73}$$

$$\frac{\partial^2 u}{\partial y^2} = \frac{\partial^2 u}{\partial \xi^2}\left(\frac{\partial \xi}{\partial y}\right)^2 + 2\frac{\partial^2 u}{\partial \xi \partial \eta}\frac{\partial \xi}{\partial y}\frac{\partial \eta}{\partial y} + \frac{\partial^2 u}{\partial \eta^2}\left(\frac{\partial \eta}{\partial y}\right)^2 + \frac{\partial u}{\partial \xi}\frac{\partial^2 \xi}{\partial y^2} + \frac{\partial u}{\partial \eta}\frac{\partial^2 \eta}{\partial y^2} \tag{1.74}$$

将式(1.71)~式(1.74)代入式(1.70)就得到在新坐标系中的方程

$$A_{11}\frac{\partial^2 u}{\partial \xi^2} + 2A_{12}\frac{\partial^2 u}{\partial \xi \partial \eta} + A_{22}\frac{\partial^2 u}{\partial \eta^2} + B_1\frac{\partial u}{\partial \xi} + B_2\frac{\partial u}{\partial \eta} + Cu + F = 0 \tag{1.75}$$

它仍然是线性的，其系数

$$A_{11} = a_{11}\left(\frac{\partial \xi}{\partial x}\right)^2 + 2a_{12}\frac{\partial \xi}{\partial x}\frac{\partial \xi}{\partial y} + a_{22}\left(\frac{\partial \xi}{\partial y}\right)^2$$

$$A_{12} = a_{11}\frac{\partial \xi}{\partial x}\frac{\partial \eta}{\partial x} + a_{12}\left(\frac{\partial \xi}{\partial x}\frac{\partial \eta}{\partial y} + \frac{\partial \eta}{\partial x}\frac{\partial \xi}{\partial y}\right) + a_{22}\frac{\partial \xi}{\partial y}\frac{\partial \eta}{\partial y}$$

$$A_{22} = a_{11}\left(\frac{\partial \eta}{\partial x}\right)^2 + 2a_{12}\frac{\partial \eta}{\partial x}\frac{\partial \eta}{\partial y} + a_{22}\left(\frac{\partial \eta}{\partial y}\right)^2 \tag{1.76}$$

$$B_1 = a_{11}\frac{\partial^2 \xi}{\partial x^2} + 2a_{12}\frac{\partial^2 \xi}{\partial x \partial y} + a_{22}\frac{\partial^2 \xi}{\partial y^2} + b_1\frac{\partial \xi}{\partial x} + b_2\frac{\partial \xi}{\partial y}$$

$$B_2 = a_{11}\frac{\partial^2 \eta}{\partial x^2} + 2a_{12}\frac{\partial^2 \eta}{\partial x \partial y} + a_{22}\frac{\partial^2 \eta}{\partial y^2} + b_1\frac{\partial \eta}{\partial x} + b_2\frac{\partial \eta}{\partial y}$$

$$C = c, \quad F = f$$

从式(1.76)容易看出，A_{11} 和 A_{22} 形式上是一样的。如果方程

$$a_{11}\left(\frac{\partial z}{\partial x}\right)^2 + 2a_{12}\frac{\partial^2 z}{\partial x \partial y} + a_{22}\left(\frac{\partial z}{\partial y}\right)^2 = 0 \tag{1.77}$$

有一个特解 $z = \varphi(x, y)$，则取 $\xi = \varphi(x, y)$，就有 $A_{11} = 0$。同理，如果还有另一个特解 $z = \phi(x, y)$，则取 $\eta = \phi(x, y)$，就会有 $A_{22} = 0$。为了简化方程(1.70)，我们需要解一阶非线性偏微分方程(1.77)。

将方程(1.77)变形可得

$$a_{11}\left(-\frac{\partial z/\partial x}{\partial z/\partial y}\right)^2 - 2a_{12}\left(-\frac{\partial z/\partial x}{\partial z/\partial y}\right) + a_{22} = 0 \qquad (1.78)$$

注意到由隐函数 $z(x, y(x)) = C$ 所确定的函数 $y(x)$ 的导函数计算公式：

$$\frac{\mathrm{d}y(x)}{\mathrm{d}x} = -\frac{\partial z/\partial x}{\partial z/\partial y} \qquad (1.79)$$

由式(1.78)和式(1.79)可得

$$a_{11}\left(\frac{\mathrm{d}y}{\mathrm{d}x}\right)^2 - 2a_{12}\frac{\mathrm{d}y}{\mathrm{d}x} + a_{22} = 0 \qquad (1.80)$$

即如果 $\varphi(x, y(x)) = C$ 是方程(1.80)的通积分，则 $z = \varphi(x, y)$ 是方程(1.77)的一个特解。由此可见方程(1.70)的分类和化简与常微分方程(1.80)有密切关系。通常，我们称方程(1.80)为偏微分方程(1.70)的**本征方程**(或特征方程)，其通积分称为**本征线**(或特征线)。

方程(1.80)也经常写为下列形式

$$a_{11}(\mathrm{d}y)^2 - 2a_{12}\mathrm{d}x\mathrm{d}y + a_{22}(\mathrm{d}x)^2 = 0$$

本征方程(1.80)可分解为两个一阶常微分方程

$$\frac{\mathrm{d}y}{\mathrm{d}x} = \frac{a_{12} + \sqrt{a_{12}^2 - a_{11}a_{22}}}{a_{11}} = \frac{a_{12} + \sqrt{\Delta}}{a_{11}} \qquad (1.81)$$

$$\frac{\mathrm{d}y}{\mathrm{d}x} = \frac{a_{12} - \sqrt{a_{12}^2 - a_{11}a_{22}}}{a_{11}} = \frac{a_{12} - \sqrt{\Delta}}{a_{11}} \qquad (1.82)$$

其中，$\Delta = a_{12}^2(x, y) - a_{11}(x, y)a_{22}(x, y)$。类似于平面二次曲线的分类，根据判别式 Δ 的符号，我们给出对二阶线性偏微分方程(1.70)进行分类的一个标准。

当 $\Delta > 0$ 时，称式(1.70)为**双曲型方程**；当 $\Delta < 0$ 时，称式(1.70)为**椭圆型方程**；当 $\Delta = 0$ 时，称式(1.70)为**抛物型方程**。

由式(1.81)和式(1.82)可知，双曲型方程有两簇实本征线，抛物型方程有一簇实本征线(两簇本征线重合)，椭圆型方程无实本征线(两簇虚本征线)。

由式(1.76)容易验证

$$A_{12}^2 - A_{11}A_{22} = \left(a_{12}^2 - a_{11}a_{22}\right)\left(\frac{\partial \xi}{\partial x}\frac{\partial \eta}{\partial y} - \frac{\partial \xi}{\partial y}\frac{\partial \eta}{\partial x}\right)^2 \qquad (1.83)$$

由于 $\frac{\partial(\xi, \eta)}{\partial(x, y)} \neq 0$，因而方程的类型不会因自变量的变换而改变。

应该指出，由于 $\Delta = a_{12}^2(x, y) - a_{11}(x, y)a_{22}(x, y)$，同一方程在自变量的某些

区域上属于某一类型，而在另一些区域上可能属于另一类型，此时称其在整个区域上为混合型的。

现在按方程的类型来讨论它的简化问题。首先来看双曲型方程，它有两簇实本征线：$\varphi(x,y) = \text{const}$ 和 $\phi(x,y) = \text{const}$。取 $\xi = \varphi(x,y)$，$\eta = \phi(x,y)$，则 $A_{11} = A_{22} = 0$，此时方程(1.75)变成

$$\frac{\partial^2 u}{\partial \xi \partial \eta} = -\frac{1}{2A_{12}}\left(B_1 \frac{\partial u}{\partial \xi} + B_2 \frac{\partial u}{\partial \eta} + Cu + F\right) \tag{1.84}$$

若再作自变量变换

$$\begin{cases} \xi = \alpha + \beta \\ \eta = \alpha - \beta \end{cases} \quad \text{即} \quad \begin{cases} \alpha = \frac{1}{2}(\xi + \eta) \\ \beta = \frac{1}{2}(\xi - \eta) \end{cases}$$

则方程(1.84)可化为

$$\frac{\partial^2 u}{\partial \alpha^2} - \frac{\partial^2 u}{\partial \beta^2} = -\frac{1}{2A_{12}}\left((B_1 + B_2)\frac{\partial u}{\partial \alpha} + (B_1 - B_2)\frac{\partial u}{\partial \beta} + 2Cu + 2F\right) \tag{1.85}$$

式(1.84)和式(1.85)均可以看成双曲型方程的标准形式。

接下来看抛物型方程，它只有一簇实本征线 $\varphi(x,y) = \text{const}$，此时式(1.77)化为完全平方有

$$\left(\sqrt{a_{11}}\frac{\partial \varphi}{\partial x} + \sqrt{a_{22}}\frac{\partial \varphi}{\partial y}\right)^2 = 0$$

作变量变换

$$\begin{cases} \xi = \varphi(x,y) \\ \eta = \eta(x,y) \end{cases}$$

这里，$\eta(x,y)$ 为任取的一个新自变量，但使雅可比行列式 $\dfrac{\partial(\xi,\eta)}{\partial(x,y)} \neq 0$，显然 $A_{11} = 0$，同时还有

$$\begin{aligned}
A_{12} &= a_{11}\frac{\partial \xi}{\partial x}\frac{\partial \eta}{\partial x} + \sqrt{a_{11}a_{22}}\left(\frac{\partial \xi}{\partial x}\frac{\partial \eta}{\partial y} + \frac{\partial \xi}{\partial y}\frac{\partial \eta}{\partial x}\right) + a_{22}\frac{\partial \xi}{\partial y}\frac{\partial \eta}{\partial y} \\
&= \sqrt{a_{11}}\frac{\partial \xi}{\partial x}\left(\sqrt{a_{11}}\frac{\partial \eta}{\partial x} + \sqrt{a_{22}}\frac{\partial \eta}{\partial y}\right) + \sqrt{a_{22}}\frac{\partial \xi}{\partial y}\left(\sqrt{a_{11}}\frac{\partial \eta}{\partial x} + \sqrt{a_{22}}\frac{\partial \eta}{\partial y}\right) \\
&= \left(\sqrt{a_{11}}\frac{\partial \xi}{\partial x} + \sqrt{a_{22}}\frac{\partial \xi}{\partial y}\right)\left(\sqrt{a_{11}}\frac{\partial \eta}{\partial x} + \sqrt{a_{22}}\frac{\partial \eta}{\partial y}\right) \\
&= 0
\end{aligned}$$

于是，由式(1.75)可得

$$\frac{\partial^2 u}{\partial \eta^2} = -\frac{1}{A_{22}}\left(B_1\frac{\partial u}{\partial \xi} + B_2\frac{\partial u}{\partial \eta} + Cu + F\right)\tag{1.86}$$

它就是抛物型方程的标准形式。

最后，我们再来讨论椭圆型方程，它有两簇虚本征线：$\varphi(x,y)=\text{const}$ 和 $\overline{\varphi}(x,y)=\text{const}$，这里 $\overline{\varphi}$ 是 φ 的复共轭。取 $\xi=\varphi(x,y)$，$\eta=\overline{\varphi}(x,y)$，由式(1.75)可得

$$\frac{\partial^2 u}{\partial \xi \partial \eta} = -\frac{1}{2A_{12}}\left(B_1\frac{\partial u}{\partial \xi} + B_2\frac{\partial u}{\partial \eta} + Cu + F\right)\tag{1.87}$$

注意这个方程形式上与式(1.84)相似，但这里的 ξ 和 η 是复函数。为了应用上的方便，再作变量变换

$$\begin{cases}\xi=\alpha+\mathrm{i}\beta\\\eta=\alpha-\mathrm{i}\beta\end{cases}\quad\text{即}\quad\begin{cases}\alpha=\text{Re}\,\xi=\dfrac{1}{2}(\xi+\eta)\\[2mm]\beta=\text{Im}\,\xi=\dfrac{1}{2\mathrm{i}}(\xi-\eta)\end{cases}$$

于是，式(1.87)可化为

$$\frac{\partial^2 u}{\partial \alpha^2} + \frac{\partial^2 u}{\partial \beta^2} = -\frac{1}{A_{12}}\left((B_1+B_2)\frac{\partial u}{\partial \alpha} + \mathrm{i}(B_1-B_2)\frac{\partial u}{\partial \beta} + 2Cu + 2F\right)\tag{1.88}$$

这便是椭圆型方程的标准形式，也可直接取 $\xi=\text{Re}(\varphi(x,y))$，$\eta=\text{Im}(\varphi(x,y))$，可以证明在此变换下原方程也可化成式(1.88)。实际上，化标准形式更多采用这种方法。

下面我们举两个化标准形式的例子。

例 1.1　化简弦振动方程 $u_{tt}-a^2u_{xx}=0$。

解　其本身已经是标准形式式(1.85)，现在将其化为标准形式式(1.84)。

(1) 写出本征方程：$(\mathrm{d}x)^2-a^2(\mathrm{d}t)^2=0$。

(2) 求本征线，即解 $\mathrm{d}x-a\mathrm{d}t=0$，$\mathrm{d}x+a\mathrm{d}t=0$，得其本征线为：$x+at=c$，$x-at=c$。

(3) 作变量变换：$\xi=x+at$，$\eta=x-at$。

易验证原方程即化为标准形式式(1.84)：$\dfrac{\partial^2 u}{\partial \xi \partial \eta}=0$。

例 1.2　化简特里科米(Tricomi)方程 $yu_{xx}+u_{yy}=0$。

解　根据判别式 $\Delta=-y$ 可知，特里科米方程在整个 xy 平面上是混合型方程。为了化简该方程，我们以 $y<0$ 和 $y>0$ 两种情况来讨论。

(1) 当 $y<0$ 时，$\Delta=-y>0$，方程是双曲型，本征方程为

$$y(\mathrm{d}y)^2+(\mathrm{d}x)^2=0$$

从而有

$$\mathrm{d}x=\pm\mathrm{i}\sqrt{y}\mathrm{d}y$$

积分得本征线簇

$$x+\frac{2}{3}(-y)^{3/2}=C_1,\quad x-\frac{2}{3}(-y)^{3/2}=C_2$$

令

$$\begin{cases}\xi=3x+2(-y)^{3/2}\\ \eta=3x-2(-y)^{3/2}\end{cases}\quad\text{即}\quad\begin{cases}x=\dfrac{1}{6}(\xi+\eta)\\ y=-\left(\dfrac{\xi-\eta}{4}\right)^{2/3}\end{cases}$$

则有

$$\frac{\partial u}{\partial x}=\frac{\partial u}{\partial\xi}\frac{\partial\xi}{\partial x}+\frac{\partial u}{\partial\eta}\frac{\partial\eta}{\partial x}=\frac{\partial u}{\partial\xi}\cdot 3+\frac{\partial u}{\partial\eta}\cdot 3$$

$$\frac{\partial u}{\partial y}=\frac{\partial u}{\partial\xi}\frac{\partial\xi}{\partial y}+\frac{\partial u}{\partial\eta}\frac{\partial\eta}{\partial y}=\frac{\partial u}{\partial\xi}\left(-3\sqrt{-y}\right)+\frac{\partial u}{\partial\eta}\left(3\sqrt{-y}\right)$$

$$\frac{\partial^2 u}{\partial x^2}=\frac{\partial^2 u}{\partial\xi^2}\cdot 9+2\frac{\partial^2 u}{\partial\xi\partial\eta}\cdot 3\cdot 3+\frac{\partial^2 u}{\partial\eta^2}\cdot 9$$

$$\frac{\partial^2 u}{\partial y^2}=\frac{\partial^2 u}{\partial\xi^2}(-9y)+2\frac{\partial^2 u}{\partial\xi\partial\eta}\cdot 9y+\frac{\partial^2 u}{\partial\eta^2}(-9y)+\frac{\partial u}{\partial\xi}\frac{3}{2\sqrt{-y}}+\frac{\partial u}{\partial\eta}\frac{-3}{2\sqrt{-y}}$$

代入特里科米方程，得到在 $y<0$ 上的一种标准形式为

$$\frac{\partial^2 u}{\partial\xi\partial\eta}=\frac{1}{6(\xi-\eta)}\left(\frac{\partial u}{\partial\xi}-\frac{\partial u}{\partial\eta}\right)$$

若再令

$$\begin{cases}\xi=\alpha+\beta\\ \eta=\alpha-\beta\end{cases}\quad\text{即}\quad\begin{cases}\alpha=\dfrac{1}{2}(\xi+\eta)\\ \beta=\dfrac{1}{2}(\xi-\eta)\end{cases}$$

则有

$$\frac{\partial^2 u}{\partial\alpha^2}-\frac{\partial^2 u}{\partial\beta^2}=\frac{1}{\beta}\frac{\partial u}{\partial\beta}$$

它也是特里科米方程在 $y < 0$ 上的一种标准形式。

(2) 当 $y > 0$ 时，$\Delta = -y < 0$，方程是椭圆型，本征方程为

$$y(\mathrm{d}y)^2 + (\mathrm{d}x)^2 = 0$$

从而有

$$\mathrm{d}x = \pm\mathrm{i}\sqrt{y}\,\mathrm{d}y$$

它的积分是

$$x + \mathrm{i}\frac{2}{3}y^{3/2} = C_1,\quad x - \mathrm{i}\frac{2}{3}y^{3/2} = C_2$$

作变量变换

$$\begin{cases} \xi = x \\ \eta = \dfrac{2}{3}y^{3/2} \end{cases} \quad 即 \quad \begin{cases} x = \xi \\ y = \left(\dfrac{3}{2}\eta\right)^{2/3} \end{cases}$$

则有

$$\frac{\partial u}{\partial x} = \frac{\partial u}{\partial \xi},\quad \frac{\partial u}{\partial y} = \frac{\partial u}{\partial \eta}\left(\frac{3}{2}\eta\right)^{1/3},\quad \frac{\partial^2 u}{\partial x^2} = \frac{\partial^2 u}{\partial \xi^2}$$

$$\frac{\partial^2 u}{\partial y^2} = \frac{\partial^2 u}{\partial \eta^2}y + \frac{\partial u}{\partial \eta}\frac{1}{2\sqrt{y}}$$

代入特里科米方程，得到在 $y > 0$ 上的标准形式为

$$\frac{\partial^2 u}{\partial \xi^2} + \frac{\partial^2 u}{\partial \eta^2} + \frac{1}{3\eta}\frac{\partial u}{\partial \eta} = 0$$

1.6.2　常系数线性偏微分方程

对于变系数方程(1.70)，我们通过自变量变换得到了它们的标准形式式(1.84)～式(1.86)和式(1.88)，但其中仍包含一阶偏导函数项。如果系数是常数，按上述方法化简为标准形式后，还可以通过函数变换将其中的某些一阶导函数项消去。

我们先看椭圆型方程

$$\frac{\partial^2 u}{\partial \xi^2} + \frac{\partial^2 u}{\partial \eta^2} + b_1\frac{\partial u}{\partial \xi} + b_2\frac{\partial u}{\partial \eta} + cu + f = 0 \tag{1.89}$$

作函数代换

$$u(\xi,\eta) = v(\xi,\eta)\mathrm{e}^{\lambda\xi + \mu\eta}$$

这里的 λ、μ 是待定的常数，经过计算有

$$\frac{\partial u}{\partial \xi} = \mathrm{e}^{\lambda\xi+\mu\eta}\left(\frac{\partial v}{\partial \xi} + \lambda v\right), \quad \frac{\partial u}{\partial \eta} = \mathrm{e}^{\lambda\xi+\mu\eta}\left(\frac{\partial v}{\partial \eta} + \mu v\right)$$

$$\frac{\partial^2 u}{\partial \xi^2} = \mathrm{e}^{\lambda\xi+\mu\eta}\left(\frac{\partial^2 v}{\partial \xi^2} + 2\lambda\frac{\partial v}{\partial \xi} + \lambda^2 v\right)$$

$$\frac{\partial^2 u}{\partial \xi\partial \eta} = \mathrm{e}^{\lambda\xi+\mu\eta}\left(\frac{\partial^2 v}{\partial \xi\partial \eta} + \lambda\frac{\partial v}{\partial \xi} + \mu\frac{\partial v}{\partial \eta} + \lambda\mu v\right)$$

$$\frac{\partial^2 u}{\partial \eta^2} = \mathrm{e}^{\lambda\xi+\mu\eta}\left(\frac{\partial^2 v}{\partial \eta^2} + 2\mu\frac{\partial v}{\partial \eta} + \mu^2 v\right)$$

以此代入式(1.89)并约去公因子 $\mathrm{e}^{\lambda\xi+\mu\eta}$，得

$$\frac{\partial^2 v}{\partial \xi^2} + \frac{\partial^2 v}{\partial \eta^2} + (b_1+2\lambda)\frac{\partial v}{\partial \xi} + (b_2+2\mu)\frac{\partial v}{\partial \eta} + \left(\lambda^2+\mu^2+b_1\lambda+b_2\mu+c\right)v + \mathrm{e}^{-\lambda\xi-\mu\eta}f = 0$$

如果选取 $\lambda = -b_1/2$，$\mu = -b_2/2$，则这个方程可以写成

$$\frac{\partial^2 v}{\partial \xi^2} + \frac{\partial^2 v}{\partial \eta^2} + Dv + E = 0 \tag{1.90}$$

它仍然是常系数椭圆型方程，但一阶偏导函数项已经不存在了。

同理，抛物型方程

$$\frac{\partial^2 u}{\partial \xi^2} + b_1\frac{\partial u}{\partial \xi} + b_2\frac{\partial u}{\partial \eta} + cu + f = 0 \tag{1.91}$$

可以化为

$$\frac{\partial^2 v}{\partial \xi^2} + D\frac{\partial v}{\partial \eta} + E = 0 \tag{1.92}$$

同样，对于双曲型方程

$$\frac{\partial^2 u}{\partial \xi^2} - \frac{\partial^2 u}{\partial \eta^2} + b_1\frac{\partial u}{\partial \xi} + b_2\frac{\partial u}{\partial \eta} + cu + f = 0 \tag{1.93}$$

或

$$\frac{\partial^2 u}{\partial \xi\partial \eta} + b_1\frac{\partial u}{\partial \xi} + b_2\frac{\partial u}{\partial \eta} + cu + f = 0 \tag{1.94}$$

可以化为

$$\frac{\partial^2 v}{\partial \xi^2} - \frac{\partial^2 v}{\partial \eta^2} + Dv + E = 0 \tag{1.95}$$

或

$$\frac{\partial^2 v}{\partial \xi \partial \eta} + Dv + E = 0 \qquad (1.96)$$

从式(1.90)、式(1.92)、式(1.95)和式(1.96)不难看出，我们在前面导出的典型偏微分方程正是这三类方程的简单代表。

第 2 章　Chebyshev 谱方法基础

谱方法是以正交函数或固有函数为近似函数的计算方法，主要分为 Fourier 谱方法和切比雪夫(Chebyshev)谱方法，前者适用于周期性问题，而后者适用于非周期问题。本章介绍 Chebyshev 谱方法的基础知识，涉及 Chebyshev 点与 Chebyshev 求导矩阵的建立。

2.1　Chebyshev 多项式

为了介绍 Chebyshev 多项式，我们先给出三角恒等式：

$$\cos\big[(n+1)\theta\big]+\cos\big[(n-1)\theta\big]=2\cos\theta\cos(n\theta) \tag{2.1}$$

其中，n 为整数。若取 $n \geqslant 1$，则有

$$\begin{aligned}
\cos(2\theta) &= 2\cos^2\theta - 1 \\
\cos(3\theta) &= 4\cos^3\theta - 3\cos\theta \\
\cos(4\theta) &= 8\cos^4\theta - 8\cos^2\theta + 1 \\
&\vdots
\end{aligned} \tag{2.2}$$

这说明我们可以用关于 $\cos\theta$ 的多项式来表示 $\cos(n\theta)$，从而得到 Chebyshev 多项式的定义(李庆扬等，2008)：

$$\cos(n\theta)=T_n(\cos\theta)=T_n(x) \tag{2.3}$$

式中，T_n 为 n 阶 Chebyshev 多项式。

若令 $x=\cos\theta$，由式(2.1)可推出

$$\begin{aligned}
T_0(x) &= 1 \\
T_1(x) &= x \\
T_2(x) &= 2x^2 - 1 \\
T_3(x) &= 4x^3 - 3x \\
T_4(x) &= 8x^4 - 8x^2 + 1 \\
&\vdots
\end{aligned} \tag{2.4}$$

$T_0(x)$、$T_1(x)$、$T_2(x)$ 和 $T_3(x)$ 的函数图形如图 2.1 所示。

同时，根据式(2.1)可得任意阶 Chebyshev 多项式的递推公式为

$$T_{n+1}(x) = 2xT_n(x) - T_{n-1}(x), \quad n \geqslant 1 \tag{2.5}$$

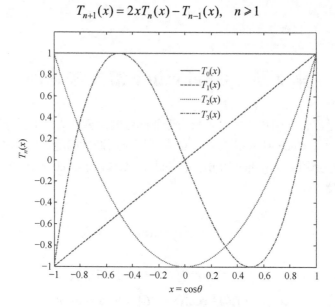

图 2.1　Chebyshev 多项式的函数图形

2.2　拉格朗日插值

对于具有 n 个节点的一维单元，如果它的节点参数中只含有场函数的节点值，则单元内的场函数可插值表示为(徐世浙，1994)

$$u = \sum_{i=1}^{n} N_i u_i \tag{2.6}$$

其中，插值函数 $N_i(x)$ 具有下列性质

$$N_i(x_j) = \delta_{ij}, \quad \sum_{i=1}^{n} N_i(x) = 1 \tag{2.7}$$

2.2.1　长度坐标的定义

在 x 轴上有两点 j 和 m，其坐标为 x_j 和 x_m (图 2.2)，这是一般意义的笛卡儿坐标，是全局坐标。点 x 在单元中的位置，可用下面两式来表示：

$$\begin{cases} L_j(x) = \dfrac{x_m - x}{x_m - x_j} = \dfrac{l_j}{l} \\ L_m(x) = \dfrac{x - x_j}{x_m - x_j} = \dfrac{l_m}{l} = 1 - L_j(x) \end{cases} \tag{2.8}$$

式中，$l = x_m - x_j, l_j = x_m - x, l_m = x - x_j$；$L_j$ 和 L_m 是长度的比值，是无量纲数，称为一维自然坐标或长度坐标，它们是单元上的局部坐标。

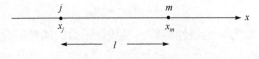

图 2.2　长度坐标示意图

长度坐标的特点如下。

(1) 在 j 点：$L_j = 1$，$L_m = 0$；在 m 点：$L_j = 0$，$L_m = 1$。

(2) $L_j(x) + L_m(x) = 1$，即两个坐标中只有一个是独立的。

(3) $L_j(x)$ 和 $L_m(x)$ 均为 x 的线性函数。

2.2.2　插值函数

用长度坐标在单元内构造插值函数是十分方便的。

1. 线性插值

设 u 是单元中的线性插值函数(图 2.3)，可表示为

$$u = ax + b \tag{2.9}$$

其中，a、b 是常数。将单元两端节点 j、m 的坐标 x_j、x_m 和函数值 u_j、u_m，分别代入式(2.9)，解出 a 和 b：

$$a = \frac{u_m - u_j}{x_m - x_j}, \quad b = \frac{x_m u_j - x_j u_m}{x_m - x_j}$$

代入式(2.9)，整理后，得

$$u = \frac{x_m - x}{x_m - x_j} u_j + \frac{x - x_j}{x_m - x_j} u_m = N_j u_j + N_m u_m \tag{2.10}$$

其中，$N_j = \dfrac{x_m - x}{x_m - x_j}$、$N_m = \dfrac{x - x_j}{x_m - x_j}$ 称为形函数，它与式(2.8)中的长度坐标的关系是

$$N_j = L_j, \quad N_m = L_m$$

另外，若令 $x_j = 0$，$x_m = l$，则有

$$N_j = 1 - \frac{x}{l}, \quad N_m = \frac{x}{l}$$

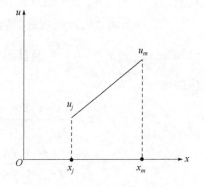

图 2.3　线性插值函数示意图

用上述方法推导插值函数比较麻烦。事实上，根据长度坐标的定义，可以直接写出单元中的线性插值函数：

$$u = L_j u_j + L_m u_m \tag{2.11}$$

这是因为 N_j、N_m 均为 x 的线性函数，且线性函数的线性组合亦为线性函数，所以 u 是 x 的线性函数。又由于在 j 点：$L_j = 1$，$L_m = 0$，代入式(2.11)，有 $u = u_j$；

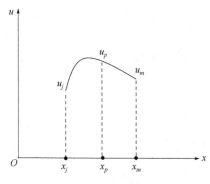

在 m 点：$L_j = 0$，$L_m = 1$，代入式(2.11)，有 $u = u_m$，所以式(2.11)即为所需的线性插值函数。

2. 二次插值

设 u 是单元中的二次插值函数(图 2.4)，可表示为

$$u = ax^2 + bx + c \tag{2.12}$$

图 2.4   二次插值函数示意图

其中，a、b、c 是常数。单元两端节点 j、m 和单元中点 p 的坐标与函数值分别为 x_j、x_m、x_p 与 u_j、u_m、u_p，将它们代入式(2.12)中，可解出 a，b，c。用这种方法求插值函数比较麻烦。

现令

$$N_j = (2L_j - 1)L_j, \quad N_p = 4L_j L_m, \quad N_m = (2L_m - 1)L_m \tag{2.13}$$

其中，L_j、L_m 是式(2.8)定义的长度坐标，则二次插值函数可直接表示为

$$u = N_j u_j + N_p u_p + N_m u_m \tag{2.14}$$

式中，N_j、N_p、N_m 为形函数。

二次插值函数的形函数是如何导出的？这可由拉格朗日插值多项式导出。若已知 x_j、x_m 和 $x_p = \dfrac{x_j + x_m}{2}$ 及其函数值 u_j、u_m 和 u_p，按拉格朗日多项式，可直接解出

$$u = \frac{(x - x_p)(x - x_m)}{(x_j - x_p)(x_j - x_m)} u_j + \frac{(x - x_j)(x - x_m)}{(x_p - x_j)(x_p - x_m)} u_p$$

$$+ \frac{(x - x_j)(x - x_p)}{(x_m - x_j)(x_m - x_p)} u_m \tag{2.15}$$

整理后，得

$$u = N_j u_j + N_p u_p + N_m u_m$$

式中，

$$N_j = \frac{(x-x_p)(x-x_m)}{(x_j-x_p)(x_j-x_m)} = (2L_j-1)L_j$$

$$N_p = \frac{(x-x_j)(x-x_m)}{(x_p-x_j)(x_p-x_m)} = 4L_j L_m$$

$$N_m = \frac{(x-x_j)(x-x_p)}{(x_m-x_j)(x_m-x_p)} = (2L_m-1)L_m$$

3. 三次插值

单元两端节点 j、m 和单元中的三分点 p、q(图 2.5)的长度坐标是

j 点：$L_j = 1$，$\quad L_m = 0$

p 点：$L_j = \dfrac{2}{3}$，$\quad L_m = \dfrac{1}{3}$

q 点：$L_j = \dfrac{1}{3}$，$\quad L_m = \dfrac{2}{3}$

m 点：$L_j = 0$，$\quad L_m = 1$

设 u 是单元中的三次插值函数，在 j、p、q、m 上的函数值分别为 u_j、u_p、u_q、u_m，则三次插值函数可表示为

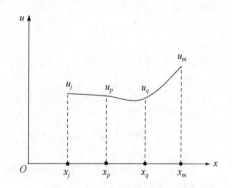

图 2.5　三次插值函数示意图

$$u = N_j u_j + N_p u_p + N_q u_q + N_m u_m \tag{2.16}$$

其中形函数是

$$N_j = \frac{1}{2}(3L_j-1)(3L_j-2)L_j, \quad N_p = \frac{9}{2}L_j L_m(3L_j-1)$$

$$N_q = \frac{9}{2}L_j L_m(3L_m-1), \qquad N_m = \frac{1}{2}(3L_m-1)(3L_m-2)L_m \tag{2.17}$$

上式可用拉格朗日插值多项式推出。

2.3　Chebyshev 求导矩阵的导出

2.3.1　Chebyshev 点

在等距点插值过程中，会出现龙格(Runge)现象，即插值函数在区间的边界

处出现振荡。为了消除 Runge 现象，可以引入 Chebyshev 点来代替等距点。根据 Chebyshev 多项式的根，在区间[−1,1]内的 Chebyshev 点定义为(Eisinberg and Fedele，2007)

$$x_j = -\cos\frac{j\pi}{N}, \quad j = 0,1,\cdots,N \tag{2.18}$$

我们可以把这些 Chebyshev 点理解为半个单位圆上等距点在横轴上的投影，$N=8$ 的情况如图 2.6 所示。

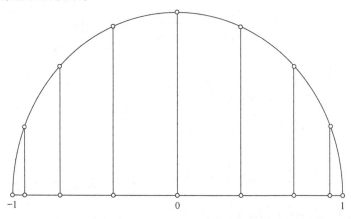

图 2.6　Chebyshev 点在上半个单位圆上等距点在横轴上的投影

例 2.1　利用等距点和 Chebyshev 点对函数 $u(x) = 1/(1+16x^2)$ 进行代数多项式插值，并对比分析插值函数。

解　取 $N=20$，等距点与 Chebyshev 点插值的 Matlab 测试程序如下：

```
N=20;
xx=-1.01:.005:1.01;
for i=1:2
    if i==1
        s='等距点';
        x=-1 + 2*(0:N)/N;
    end
    if i==2
        s='Chebyshev 点';
        x=-cos(pi*(0:N)/N);
    end
    subplot(1,2,i)
    u=1./(1+16*x.^2);
```

```
uu=1./(1+16*xx.^2);
p=polyfit(x,u,N);
pp=polyval(p,xx);
plot(x,u,'o','markersize',8)
line(xx,pp)
axis([-1.1 1.1 -1 1.5]), title(s)
error=norm(uu-pp,inf);
text(-.5,-.5,['最大误差=' num2str(error)])
xlabel('x');
ylabel('u(x)');
end
```

程序执行结果如图 2.7 所示，在等距点上对函数进行代数多项式插值会导致在区间边界附近出现较大的误差，而在 Chebyshev 点上对函数进行代数多项式插值则几乎不存在这个问题。

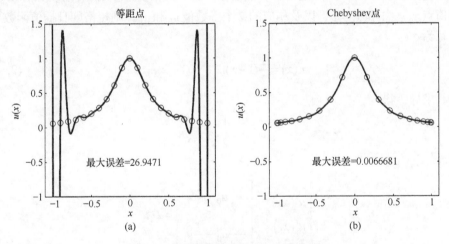

图 2.7　根据离散数据得到的插值曲线

(a) 等距点插值；(b) Chebyshev 点插值

为了消除 Runge 现象，实际上有很多非均匀剖分区间的方法，使用 Chebyshev 点剖分的方法只是其中之一。这些方法均符合以下条件：当 $N \to \infty$ 时，点的密度分布满足

$$\rho \sim \frac{N}{\pi\sqrt{1-x^2}} \tag{2.19}$$

证明略。

2.3.2　Chebyshev 求导矩阵

　　根据 2.3.1 小节可知，对有限区间内的非周期函数进行数值求导的最佳方法是这样的：首先在计算区间内确定 $N+1$ 个 Chebyshev 点 $x_0, x_1, \cdots, x_N$，在这些点上对函数进行多项式插值，得到最高次幂小于或等于 N 的插值函数 $u(x)$，然后求插值函数在 Chebyshev 点处的导数 $u'(x_0), u'(x_1), \cdots, u'(x_N)$。由于上述过程是线性的，可以写成矩阵形式，所以本小节的目标就是总结其中的规律并构造 Chebyshev 求导矩阵，将求导运算转化为矩阵运算。

　　为了讨论方便，选取计算区间为 $[-1,1]$，坐标被离散化为 $x_j = -\cos(j\pi/N)$，且 $j = 0,1,\cdots,N$。若用 $\boldsymbol{x}$ 表示 $N+1$ 维向量 $(x_0, x_1, \cdots, x_N)^{\mathrm{T}}$，用 $\boldsymbol{u}$ 代表这些位置上的函数值组成的 $N+1$ 维向量 $(u_0, u_1, \cdots, u_N)^{\mathrm{T}}$，则可以定义 $\boldsymbol{D}_N$ 为 $(N+1) \times (N+1)$ 的 Chebyshev 求导矩阵，并使得下式成立：

$$u'(x) = \boldsymbol{D}_N \boldsymbol{u} \tag{2.20}$$

　　先来看 $N=1$ 和 $N=2$ 的情况，然后推广到一般情况。当 $N=1$ 时，只有 2 个插值点 $x_0 = -1$ 和 $x_1 = 1$，以及相应的 2 个函数值 u_0 和 u_1，则拉格朗日插值函数可以写为

$$u(x) = \frac{1}{2}(1-x)u_0 + \frac{1}{2}(1+x)u_1 \tag{2.21}$$

对其求导，得

$$u'(x) = -\frac{1}{2}u_0 + \frac{1}{2}u_1 \tag{2.22}$$

即有

$$\begin{bmatrix} u'(x_0) \\ u'(x_1) \end{bmatrix} = \begin{bmatrix} -\dfrac{1}{2}u_0 + \dfrac{1}{2}u_1 \\ -\dfrac{1}{2}u_0 + \dfrac{1}{2}u_1 \end{bmatrix} = \boldsymbol{D}_1 \boldsymbol{u}$$

因此，Chebyshev 求导矩阵 $\boldsymbol{D}_1$ 可以写为

$$\boldsymbol{D}_1 = \begin{pmatrix} -\dfrac{1}{2} & \dfrac{1}{2} \\ -\dfrac{1}{2} & \dfrac{1}{2} \end{pmatrix} \tag{2.23}$$

　　当 $N=2$ 时，存在 3 个插值点 $x_0 = -1$、$x_1 = 0$ 和 $x_1 = 1$，以及相应的 3 个函数值 u_0、u_1 和 u_2，则拉格朗日插值函数可以写为

$$u(x) = \frac{1}{2}x(x-1)u_0 + (1+x)(1-x)u_1 + \frac{1}{2}x(x+1)u_2 \tag{2.24}$$

对其求导，得

$$u'(x) = \left(x - \frac{1}{2}\right)u_0 - 2xu_1 + \left(x + \frac{1}{2}\right)u_2 \tag{2.25}$$

代入 $x_0 = -1$、$x_1 = 0$ 和 $x_1 = 1$ 便可得到相应插值点的导数值，则有

$$\begin{bmatrix} u'(x_0) \\ u'(x_1) \\ u'(x_2) \end{bmatrix} = \begin{bmatrix} -\dfrac{3}{2}u_0 + 2u_1 - \dfrac{1}{2}u_2 \\ -\dfrac{1}{2}u_0 + 0u_1 + \dfrac{1}{2}u_2 \\ \dfrac{1}{2}u_0 - 2u_1 + \dfrac{3}{2}u_2 \end{bmatrix} = D_2 u$$

于是，Chebyshev 求导矩阵 D_2 可以写为

$$D_2 = \begin{pmatrix} -\dfrac{3}{2} & 2 & -\dfrac{1}{2} \\ -\dfrac{1}{2} & 0 & \dfrac{1}{2} \\ \dfrac{1}{2} & -2 & \dfrac{3}{2} \end{pmatrix} \tag{2.26}$$

　　若继续计算更高阶的 D_N，将会找到其中的规律。下面略去这个过程，直接给出任意 N 的 Chebyshev 求导矩阵 D_N 中的每个元素的表达式(Trefethen，2000；张晓，2015)：

$$(D_N)_{00} = -\frac{2N^2 + 1}{6}, \quad (D_N)_{NN} = \frac{2N^2 + 1}{6} \tag{2.27}$$

$$(D_N)_{jj} = \frac{-x_j}{2\left(1 - x_j^2\right)}, \quad j = 1, 2, \cdots, N-1 \tag{2.28}$$

$$(D_N)_{ij} = \frac{c_i}{c_j} \frac{(-1)^{i+j}}{x_i - x_j}, \quad i \neq j, j = 0, 1, \cdots, N \tag{2.29}$$

这里

$$c_i = \begin{cases} 2, & i = 0, N \\ 1, & i = 1, 2, \cdots, N-1 \end{cases} \tag{2.30}$$

　　根据式(2.27)～式(2.29)，我们可以直观地给出 Chebyshev 求导矩阵 D_N 的结构，如图 2.8 所示。

　　由于后面章节的程序需要反复用到 Chebyshev 求导矩阵 D_N 和相应的 Chebyshev 点，所以这里我们给出 Matlab 函数文件 cheb.m，只需输入 N 的值就能返回 D_N 和相应的 Chebyshev 点，以便其他程序调用。

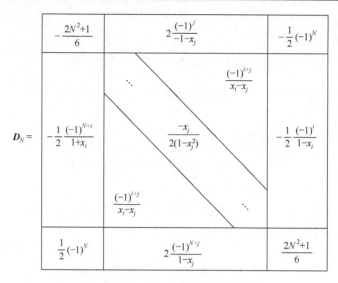

图 2.8   Chebyshev 求导矩阵结构图

cheb.m 文件代码如下：

```
function [D,x]=cheb(N)
if N==0
    D=0; x=1; return
end
x=-cos(pi*(0:N)/N)';
c=[2; ones(N-1,1); 2].*(-1).^(0:N)';
X=repmat(x,1,N+1);
dX=X-X';
D=(c*(1./c)')./(dX+(eye(N+1)));
D=D - diag(sum(D'));
```

实际上，函数文件 cheb.m 并不是严格按照式(2.28)来计算 Chebyshev 求导矩阵 $\boldsymbol{D}_N$ 的，而对角线上的元素是由对角线以外的元素来计算的，即

$$(\boldsymbol{D}_N)_{ij} = -\sum_{\substack{j=0 \\ j\neq i}}^{N}(\boldsymbol{D}_N)_{ij} \tag{2.31}$$

这样就给出了存在舍入误差的情况下更具稳定性的 Chebyshev 求导矩阵 $\boldsymbol{D}_N$。试想这个情形：对于离散函数值 $\boldsymbol{u}=(1,1,\cdots,1)^{\mathrm{T}}$，它的插值函数为一常数 $u(x)=1$，所以 $u'(x)=0$。这就要求 $\boldsymbol{D}_N$ 与 $(1,1,\cdots,1)^{\mathrm{T}}$ 的乘积必须是 $\boldsymbol{u}=(0,0,\cdots,0)^{\mathrm{T}}$，于是就得到了式(2.31)。

下面给出 N=1，2，3，4，5 时的 Chebyshev 求导矩阵 $\boldsymbol{D}_N$，同时注意到 $\boldsymbol{D}_N$

是 "中心对称" 的，即有 $(\boldsymbol{D}_N)_{ij} = -(\boldsymbol{D}_N)_{N-i,N-j}$。

```
>> cheb(1)
ans=
    -0.5000    0.5000
    -0.5000    0.5000
>> cheb(2)
ans=
    -1.5000    2.0000   -0.5000
    -0.5000         0    0.5000
     0.5000   -2.0000    1.5000
>> cheb(3)
ans=
    -3.1667    4.0000   -1.3333    0.5000
    -1.0000    0.3333    1.0000   -0.3333
     0.3333   -1.0000   -0.3333    1.0000
    -0.5000    1.3333   -4.0000    3.1667
>> cheb(4)
ans=
    -5.5000    6.8284   -2.0000    1.1716   -0.5000
    -1.7071    0.7071    1.4142   -0.7071    0.2929
     0.5000   -1.4142         0    1.4142   -0.5000
    -0.2929    0.7071   -1.4142   -0.7071    1.7071
     0.5000   -1.1716    2.0000   -6.8284    5.5000
>> cheb(5)
ans=
    -8.5000   10.4721   -2.8944    1.5279   -1.1056    0.5000
    -2.6180    1.1708    2.0000   -0.8944    0.6180   -0.2764
     0.7236   -2.0000    0.1708    1.6180   -0.8944    0.3820
    -0.3820    0.8944   -1.6180   -0.1708    2.0000   -0.7236
     0.2764   -0.6180    0.8944   -2.0000   -1.1708    2.6180
    -0.5000    1.1056   -1.5279    2.8944  -10.4721    8.5000
```

$\boldsymbol{D}_N$ 是一阶导数的 Chebyshev 求导矩阵，要得到二阶导数的 Chebyshev 求导矩阵，一般有两种思路：①用精确的表达式计算；②直接对 $\boldsymbol{D}_N$ 进行平方处理。为了简便，本书采用第 2 种处理思路，同样还可以得到用于求高阶导数的 Chebyshev 求导矩阵：

$$\frac{\partial}{\partial x} \rightarrow \boldsymbol{D}_N$$

$$\frac{\partial^2}{\partial x^2} \rightarrow \boldsymbol{D}_N^2$$

$$\frac{\partial^3}{\partial x^3} \rightarrow \boldsymbol{D}_N^3 \tag{2.32}$$

$$\frac{\partial^4}{\partial x^4} \rightarrow \boldsymbol{D}_N^4$$

例 2.2　利用 Chebyshev 求导矩阵计算 $u(x) = \mathrm{e}^x \sin(5x)$ 在区间[−1，1]上的一阶导数，并与解析解(精确解)进行比较。

解　该函数的一阶导数解析解为 $u'(x) = \mathrm{e}^x \left[\sin(5x) + 5\cos(5x)\right]$。利用 Chebyshev 求导矩阵计算一阶导数，分别取 $N=10$ 和 $N=20$，其 Matlab 程序代码如下：

```
xx=-1:.01:1;
uu=exp(xx).*sin(5*xx);
for N=[10 20]
    [D,x]=cheb(N);
    u=exp(x).*sin(5*x);
    subplot('position',[.15 .66-.4*(N==20) .31 .28])
    plot(x,u,'.','markersize',14);
    grid on
    line(xx,uu);
    title(['u(x),   N='int2str(N)]);
    xlabel('x');
    ylabel('u(x)');
    error=D*u - exp(x).*(sin(5*x)+5*cos(5*x));
    subplot('position',[.55 .66-.4*(N==20) .31 .28])
    plot(x,error,'.','markersize',14);
    grid on
    line(x,error);
    title(['u''(x)误差,   N='int2str(N)]);
    xlabel('x');
    ylabel('D_N*u(x)-u(x)');
end
```

程序执行结果如图 2.9 所示。可以看到，在 $N=20$ 的条件下，误差的数量级为 10^{-10}。

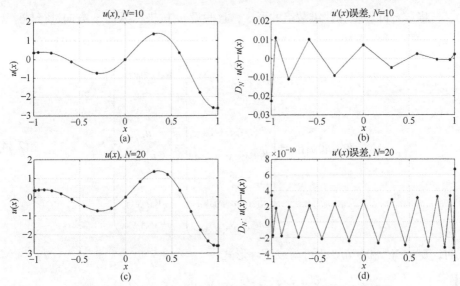

图 2.9　利用 Chebyshev 求导矩阵求 $u(x) = e^x \sin(5x)$ 的一阶导数

对于二维问题，先用 Chebyshev 点分别在 x、y 方向上划分区间$[-1,1]$，即 $(x_0, x_1, \cdots, x_N)^T$ 和 $(y_0, y_1, \cdots, y_M)^T$。于是，在 xy 平面内的 $-1 \leqslant x, y \leqslant 1$ 区域内得到 $(N+1) \times (M+1)$ 个点，写成矩阵形式为

$$\boldsymbol{u}_{M \times N} = \begin{pmatrix} u_{00} & u_{01} & \cdots & u_{0N} \\ u_{10} & u_{11} & \cdots & u_{1N} \\ \vdots & \vdots & & \vdots \\ u_{M1} & u_{M1} & \cdots & u_{MN} \end{pmatrix} \tag{2.33}$$

取 $N = M = 8$，可得二维区域的 Chebyshev 点，如图 2.10 所示。

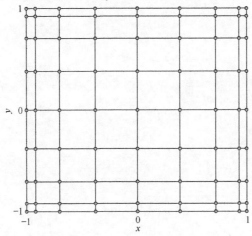

图 2.10　二维区域的 Chebyshev 点示意图

若将 $u(x, y)$ 转换为一维数组的形式，且假设 u 按坐标纵轴 y 方向进行排序，则有

$$\boldsymbol{u}_{(M+1)(N+1)\times 1} = \begin{pmatrix} u_1 \\ u_2 \\ \vdots \\ u_{(j-1)\times(M+1)+i} \\ u_{(j-1)\times(M+1)+i+1} \\ \vdots \\ u_{(M+1)\times(N+1)-1} \\ u_{(M+1)\times(N+1)} \end{pmatrix} = \begin{pmatrix} u_{0,0} \\ u_{1,0} \\ \vdots \\ u_{i,j} \\ u_{i+1,j} \\ \vdots \\ u_{M,N+1} \\ u_{M+1,N+1} \end{pmatrix} \tag{2.34}$$

这时，$\partial^n u/\partial y^n$ 和 $\partial^n u/\partial x^n$ 可写成矩阵形式：

$$\frac{\partial^n u}{\partial y^n} \rightarrow \left(\boldsymbol{I}_{N+1} \otimes \boldsymbol{D}_M^n \right) \boldsymbol{u}_{(M+1)(N+1)\times 1} \tag{2.35}$$

$$\frac{\partial^n u}{\partial x^n} \rightarrow \left(\boldsymbol{D}_N^n \otimes \boldsymbol{I}_{M+1} \right) \boldsymbol{u}_{(M+1)(N+1)\times 1} \tag{2.36}$$

其中，$\boldsymbol{I}_{N+1}$ 为 $N+1$ 阶单位矩阵；$\boldsymbol{I}_{M+1}$ 为 $M+1$ 阶单位矩阵；$\otimes$ 为矩阵的 Kronecker 积(详见附录)。

第3章 稳定场方程的 Chebyshev 谱方法

稳定场方程通常指物理量在不随时间变化的情况下满足的偏微分方程，包括拉普拉斯方程、泊松方程和亥姆霍兹方程，主要描述稳定温度场、静电场、时变电磁波的电场或磁场空间分布等。本章主要讨论 Chebyshev 谱方法求解稳定场方程的边值问题，涉及求导矩阵的建立和三类边界条件的处理。

3.1 Dirichlet 边界条件

Dirichlet 边界条件，又称为第一类边界条件，它给出了未知函数在边界上的值。

3.1.1 含 Dirichlet 边界的一维泊松方程

在 Dirichlet 边界条件下，考虑如下一维泊松方程的边值问题：

$$\begin{cases} u''(x) = f(x), & -1 < x < 1 \\ u|_{x=-1} = 0 \\ u|_{x=1} = 0 \end{cases} \tag{3.1}$$

其中，$f(x)$ 为已知函数；$u(x)$ 为待求函数。

首先，需要将横轴上的区间 $[-1,1]$ 离散化为向量 $\boldsymbol{x} = (x_0, x_1, \cdots, x_N)^{\mathrm{T}}$，相应地，$u(x)$ 被离散化为向量 $\boldsymbol{u} = (u_0, u_1, \cdots, u_N)^{\mathrm{T}}$。于是，式(3.1)可以写成矩阵形式：

$$\boldsymbol{D}_N^2 \boldsymbol{u} = f(\boldsymbol{x}), \quad u_0 = u_N = 0 \tag{3.2}$$

式(3.2)代表了含有 $N+1$ 个方程、$N+1$ 个未知数的方程组。但考虑到 u_0 和 u_N 为边界值，故未知数为 $N-1$ 个：$u_1, u_2, \cdots, u_{N-1}$。实际上，只需要 $N-1$ 个方程就能求解这些未知数，不妨忽略边界上的方程，即删去矩阵 $\boldsymbol{D}_N^2$ 的首尾行以及向量 $f(\boldsymbol{x})$ 的首尾元素；另外，考虑到 $u_0 = u_N = 0$，矩阵 $\boldsymbol{D}_N^2$ 的首尾列与其相乘的结果也是 0，所以删去矩阵 $\boldsymbol{D}_N^2$ 的首尾列和向量 $\boldsymbol{u}$ 的首尾元素。这样，我们就得到了 Dirichlet 边界条件下的 2 阶 Chebyshev 求导矩阵——将矩阵 $\boldsymbol{D}_N^2$ 的首尾行、首尾列删除后的 $N-1$ 阶方阵，如图 3.1 所示。

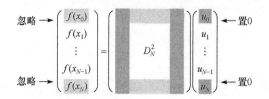

图 3.1 齐次 Dirichlet 边界条件下修正 Chebyshev 求导矩阵

如果这里用"～"表示删除矩阵首尾行和首尾列、删除向量首尾元素的操作，那么边值问题(3.1)的解可以写成

$$\tilde{\boldsymbol{u}} = \left(\tilde{\boldsymbol{D}}_N^2\right)^{-1} f\left(\tilde{x}\right) \tag{3.3}$$

需要注意的是：必须先对 $\boldsymbol{D}_N$ 平方，再删除其首尾行和首尾列，这个顺序不能颠倒。此外，通过式(3.3)得到 $N{-}1$ 维向量 $\tilde{\boldsymbol{u}}$ 后，一定要在其首尾补 0。

例 3.1 程序实现下列一维泊松方程的 Chebyshev 谱方法近似解(数值解)：

$$\begin{cases} u''(x)=1, & -1 \leqslant x \leqslant 1 \\ u\big|_{x=-1}=0 \\ u\big|_{x=1}=0 \end{cases}$$

解 该泊松方程的解析解为 $u(x)=\dfrac{x^2-1}{2}$。

取 $N=20$，程序设计如下：

```
%Chebyshev 谱方法计算齐次 Dirichlet 边界条件下的一维泊松方程
clear all;
N=20;
[D,x]=cheb(N);
D2=D^2;
D2=D2(2:N,2:N);
f=zeros(N-1,1)+1;
u=D2\f;
u=[0;u;0]; %近似解
xx=-1:.01:1;
u_ana=(xx.^2-1)/2;    %解析解
%图示计算结果
plot(x,u,'ro');
hold on
plot(xx,u_ana);
```

```
grid on
legend('近似解','解析解');
xlabel('x');
ylabel('u');
```

程序执行结果如图 3.2 所示。从图上可以看到：Chebyshev 谱方法近似解与解析解吻合得很好。

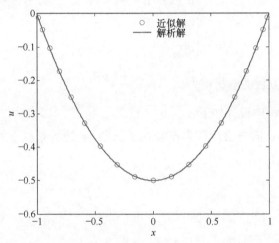

图 3.2　齐次 Dirichlet 边界条件下一维泊松方程的 Chebyshev 谱方法计算结果

如果泊松方程的 Dirichlet 边界条件更具有一般性，即非齐次的 Dirichlet 边界条件，则需要考虑如下一维泊松方程的边值问题：

$$\begin{cases} u''(x) = f(x), & -1 < x < 1 \\ u|_{x=-1} = \varphi_1 \\ u|_{x=1} = \varphi_2 \end{cases} \tag{3.4}$$

这里 φ_1 和 φ_2 为常数。

对于这种非齐次的 Dirichlet 边界条件，可以采用强加边界的方式。如图 3.3 所示，将矩阵 $\boldsymbol{D}_N^2$ 的首尾行分别修改为 1 0 0 … 0 和 0 … 0 0 1，从而使得向量 $\boldsymbol{u}$ 和向量 $f(\boldsymbol{x})$ 的首尾元素相等；再将向量 $f(\boldsymbol{x})$ 的首尾元素分别修改为 φ_1 和 φ_2 (函数在边界的取值)，这样边值问题(3.4)的解可以写成

$$\boldsymbol{u} = \left(\hat{\boldsymbol{D}}_N^2\right)^{-1} f(\hat{\boldsymbol{x}}) \tag{3.5}$$

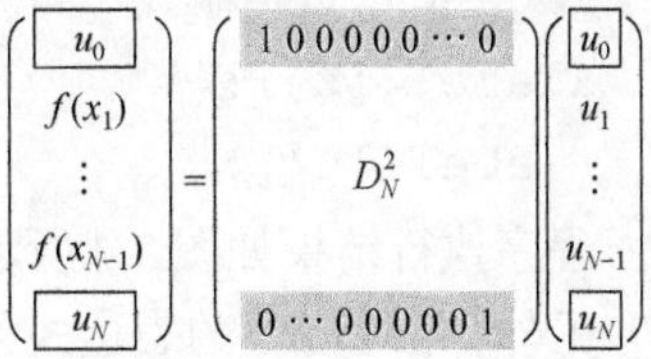

$$\begin{pmatrix} u_0 \\ f(x_1) \\ \vdots \\ f(x_{N-1}) \\ u_N \end{pmatrix} = \begin{pmatrix} 1\,0\,0\,0\,0\,0\cdots0 \\ \\ D_N^2 \\ \\ 0\cdots0\,0\,0\,0\,0\,1 \end{pmatrix} \begin{pmatrix} u_0 \\ u_1 \\ \vdots \\ u_{N-1} \\ u_N \end{pmatrix}$$

图 3.3　非齐次 Dirichlet 边界条件下修正 Chebyshev 求导矩阵

其中，矩阵和向量上的 "^" 代表对矩阵、向量进行了强加 Dirichlet 边界处理。对于这种边界条件的处理方式，不但利用了 $N-1$ 个方程求解未知数 $u_1, u_2, \cdots, u_{N-1}$，还额外增加了两个方程(对应于矩阵 $\boldsymbol{D}_N^2$ 的首尾行)，以确保 $\boldsymbol{u}$ 的首尾元素满足边界条件。

例 3.2　程序实现下列一维泊松方程的 Chebyshev 谱方法近似解：

$$\begin{cases} u''(x) = 1, & -1 \leqslant x \leqslant 1 \\ u\big|_{x=-1} = 2 \\ u\big|_{x=1} = 3 \end{cases}$$

解　该泊松方程的解析解为 $u(x) = \dfrac{x^2 + x + 4}{2}$。

取 $N = 20$，程序设计如下：

```
%Chebyshev谱方法计算非齐次Dirichlet边界条件下的一维泊松方程
clear all;
N=20;
[D,x]=cheb(N);
D2=D^2; D2([1 N+1],:)=0;
D2(1,1)=1; D2(N+1,N+1)=1;
f=zeros(N-1,1)+1;
f=[2;f;3];
u=D2\f;    %近似解
xx=-1:0.01:1;
u_ana=xx.^2/2+xx/2+2;  %解析解
%图示计算结果
plot(x,u,'ro');
hold on
plot(xx,u_ana);
grid on
legend('近似解','解析解');
xlabel('x');
ylabel('u');
```

程序执行结果如图 3.4 所示，Chebyshev 谱方法近似解与解析解一致。

另外，由于 $\boldsymbol{D}_N$ 的表达式是在区间[-1, 1]上得到的，若求解区间[a, b]上的一维泊松方程，我们需要作相应的坐标变换。这里，考虑如下一维泊松方程的边值问题：

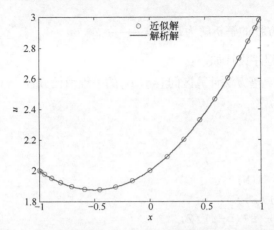

图 3.4　非齐次 Dirichlet 边界条件下一维泊松方程的 Chebyshev 谱方法计算结果

$$\begin{cases} u''(x) = f(x), & a < x < b \\ u\big|_{x=a} = \varphi_1 \\ u\big|_{x=b} = \varphi_2 \end{cases} \tag{3.6}$$

求解非[-1, 1]区间的微分方程，我们需要将其区间转换到[-1, 1]。令

$$x = \frac{b+a}{2} + \frac{b-a}{2}\xi \tag{3.7}$$

这时，

$$\frac{\partial u}{\partial x} = \frac{\partial u}{\partial \xi}\frac{\partial \xi}{\partial x} = \frac{2}{b-a}\frac{\partial u}{\partial \xi}$$

$$\frac{\partial^2 u}{\partial x^2} = \frac{\partial}{\partial \xi}\left(\frac{\partial}{\partial x}\right)\frac{\partial \xi}{\partial x} = \frac{4}{(b-a)^2}\frac{\partial^2 u}{\partial \xi^2}$$

因此，边值问题(3.6)可以改写为

$$\begin{cases} \dfrac{4}{(b-a)^2}\dfrac{\partial^2 u}{\partial \xi^2} = f\left(\dfrac{b+a}{2} + \dfrac{b-a}{2}\xi\right), & -1 < \xi < 1 \\ u\big|_{\xi=-1} = \varphi_1 \\ u\big|_{\xi=1} = \varphi_2 \end{cases} \tag{3.8}$$

于是，求解区间[-1, 1]的边值问题(3.8)即可得到区间[a, b]的边值问题(3.6)的解。

例 3.3　程序实现下列一维泊松方程的 Chebyshev 谱方法近似解：

$$\begin{cases} u''(x) = 1, & 0 \leqslant x \leqslant 1 \\ u\big|_{x=0} = 0 \\ u\big|_{x=1} = 0 \end{cases}$$

解　该泊松方程的解析解为 $u(x) = \dfrac{x^2 - x}{2}$。

取 $N = 20$，程序设计如下：

```
%Chebyshev 谱方法计算区间[a, b]的一维泊松方程
clear all;
a=0;
b=1;
N=20;
[D,xi]=cheb(N);
D=D/((b-a)/2);
x=(a+b)/2+xi*(b-a)/2;
D2=D^2;
D2=D2(2:N,2:N);
f=zeros(N-1,1)+1;
u=D2\f;
u=[0;u;0];
xx=0:0.001:1;
u_ana=(xx.^2-xx)/2;  %解析解
%图示计算结果
plot(x,u,'ro');
hold on
plot(xx,u_ana);
grid on
legend('近似解','解析解');
xlabel('x');
ylabel('u');
```

程序执行结果如图 3.5 所示，Chebyshev 谱方法近似解与解析解一致。

3.1.2　含 Dirichlet 边界的二维泊松方程

1. 齐次 Dirichlet 边界

在齐次 Dirichlet 边界条件下，考虑如下二维泊松方程的边值问题：

$$
\begin{cases}
\dfrac{\partial^2 u}{\partial x^2} + \dfrac{\partial^2 u}{\partial y^2} = f(x,y), & -1 < x < 1, -1 < y < 1 \\
u\big|_{x=-1} = 0, \quad u\big|_{x=1} = 0 \\
u\big|_{y=-1} = 0, \quad u\big|_{y=1} = 0
\end{cases}
\tag{3.9}
$$

其中，$f(x,y)$ 为已知函数；$u(x,y)$ 为待求函数。

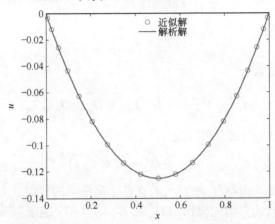

图 3.5　一维泊松方程计算非[-1,1]区间的 Chebyshev 谱方法近似结果

首先，需要将横轴上的区间[-1,1]离散化为向量 $\boldsymbol{x}=(x_0,x_1,\cdots,x_N)^{\mathrm{T}}$，再将纵轴上的区间[-1,1]离散化为向量 $\boldsymbol{y}=(y_0,y_1,\cdots,y_M)^{\mathrm{T}}$。

考虑到函数 $u(x,y)$ 在边界上的取值为 0，我们可以将图 3.1 的思路推广到二维平面上来。若采用二维数组来表示除边界外所有位置的函数值，则有

$$\tilde{\boldsymbol{u}}_{(M-1)\times(N-1)}=\begin{pmatrix} u_{11} & u_{12} & \cdots & u_{1(N-1)} \\ u_{21} & u_{22} & \cdots & u_{2(N-1)} \\ \vdots & \vdots & & \vdots \\ u_{(M-1)1} & u_{(M-1)2} & \cdots & u_{(M-1)(N-1)} \end{pmatrix} \tag{3.10}$$

采用 Chebyshev 谱方法求解二维泊松方程的定解问题，需要将 $u(x,y)$ 转换为一维数组的形式。假设 u 按坐标纵轴 y 方向进行排序，则有

$$\tilde{\boldsymbol{u}}_{(M-1)(N-1)\times 1}=\begin{pmatrix} u_1 \\ u_2 \\ \vdots \\ u_{(j-1)\times(M-1)+i} \\ u_{(j-1)\times(M-1)+i+1} \\ \vdots \\ u_{(N-1)\times(M-1)-1} \\ u_{(N-1)\times(M-1)} \end{pmatrix}=\begin{pmatrix} u_{1,1} \\ u_{2,1} \\ \vdots \\ u_{i,j} \\ u_{i+1,j} \\ \vdots \\ u_{M-2,N-1} \\ u_{M-1,N-1} \end{pmatrix} \tag{3.11}$$

这时，在齐次 Dirichlet 边界条件下，边值问题(3.9)中的 $\partial^2 u/\partial y^2$ 和 $\partial^2 u/\partial x^2$ 可写成矩阵形式：

$$\frac{\partial^2 u}{\partial y^2} \rightarrow \left(\boldsymbol{I}_{N-1} \otimes \tilde{\boldsymbol{D}}_M^2 \right) \tilde{\boldsymbol{u}}_{(M-1)(N-1)\times 1} \qquad (3.12)$$

$$\frac{\partial^2 u}{\partial x^2} \rightarrow \left(\tilde{\boldsymbol{D}}_N^2 \otimes \boldsymbol{I}_{M-1} \right) \tilde{\boldsymbol{u}}_{(M-1)(N-1)\times 1} \qquad (3.13)$$

拉普拉斯算符则可写为

$$\Delta = \frac{\partial^2}{\partial x^2} + \frac{\partial^2}{\partial y^2} \rightarrow \tilde{\boldsymbol{L}} = \boldsymbol{I}_{N-1} \otimes \tilde{\boldsymbol{D}}_M^2 + \tilde{\boldsymbol{D}}_N^2 \otimes \boldsymbol{I}_{M-1} \qquad (3.14)$$

因此，边值问题(3.9)的解可以写成

$$\tilde{\boldsymbol{u}}_{(M-1)(N-1)\times 1} = \left(\boldsymbol{I}_{N-1} \otimes \tilde{\boldsymbol{D}}_M^2 + \tilde{\boldsymbol{D}}_N^2 \otimes \boldsymbol{I}_{M-1} \right)^{-1} \boldsymbol{f}_{(M-1)(N-1)\times 1} \qquad (3.15)$$

需要说明的是：向量 $\boldsymbol{f}$ 为 $f(x,y)$ 在各个离散点的取值，上面的"~"代表对其进行删除所有边界值的操作；$\boldsymbol{D}_N^2$ 和 $\boldsymbol{D}_M^2$ 用"~"表示删除矩阵首尾行和首尾列的操作。当然，通过式(3.15)得到 $\tilde{\boldsymbol{u}}$ 之后，还需要在边界对应的位置补 0。

取 $N=5$ 和 $M=6$，我们给出了二维泊松方程的 Chebyshev 求导矩阵的形式(图 3.6)，分别为不考虑边界条件情况与考虑齐次 Dirichlet 边界情况下的求导矩

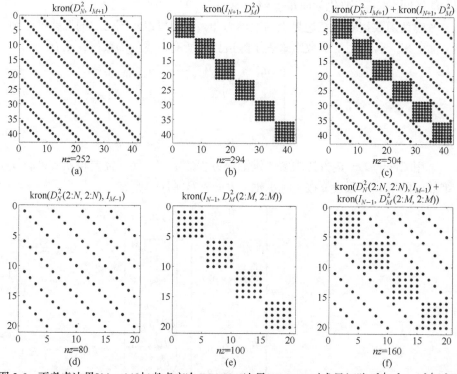

图3.6　不考虑边界[(a)～(c)]与考虑齐次 Dirichlet 边界[(d)～(f)]时求导矩阵 $\partial^2/\partial x^2$、$\partial^2/\partial y^2$ 及 $\partial^2/\partial x^2 + \partial^2/\partial y^2$ 的稀疏模式

阵稀疏模式。与有限差分法构造的差分矩阵相比，二维 Chebyshev 求导矩阵更稠密，但 Chebyshev 谱方法计算精度更高。

例 3.4　程序实现下列二维泊松方程的 Chebyshev 谱方法近似解：

$$\begin{cases} \dfrac{\partial^2 u}{\partial x^2} + \dfrac{\partial^2 u}{\partial y^2} = 10\sin\left[8x(y-1)\right], & -1 < x < 1, -1 < y < 1 \\ u\big|_{x=-1} = 0, \quad u\big|_{x=1} = 0 \\ u\big|_{y=-1} = 0, \quad u\big|_{y=1} = 0 \end{cases}$$

解　取 $N = M = 40$，u 按坐标纵轴 y 方向排序为一维数组，程序设计如下：

```
%Chebyshev 谱方法计算齐次 Dirichlet 边界条件下的二维泊松方程
clear all;
N=40;
[D,x]=cheb(N); y=x;
[xx,yy]=meshgrid(x(2:N),y(2:N));
xx=xx(:); yy=yy(:);
f=10*sin(8*xx.*(yy-1));
D2=D^2;
D2=D2(2:N,2:N); I=eye(N-1);
L=kron(I,D2) + kron(D2,I);
u=L\f;
uu=zeros(N+1,N+1);
uu(2:N,2:N)=reshape(u,N-1,N-1);
surfc(x,y,uu);
colorbar;
xlabel('x');
ylabel('y');
zlabel('u(x,y)');
```

程序执行结果如图 3.7 所示。

另外，对于求解区间 $[a, b]$ 上的二维泊松方程的定解问题，我们需要作相应的坐标变换。这里，我们考虑如下二维泊松方程的边值问题：

$$\begin{cases} \dfrac{\partial^2 u}{\partial x^2} + \dfrac{\partial^2 u}{\partial y^2} = f(x,y), & a < x < b, c < y < d \\ u\big|_{x=a} = 0, \quad u\big|_{x=b} = 0 \\ u\big|_{y=c} = 0, \quad u\big|_{y=d} = 0 \end{cases} \tag{3.16}$$

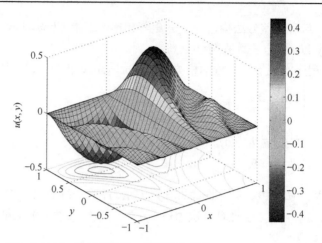

图 3.7　齐次 Dirichlet 边界条件下二维泊松方程的 Chebyshev 谱方法计算结果

利用 Chebyshev 谱方法求解非 $[-1,1] \times [-1,1]$ 区间的偏微分方程，我们需要将其区间转换到 $[-1,1] \times [-1,1]$。令

$$\begin{cases} x = \dfrac{b+a}{2} + \dfrac{b-a}{2}\xi \\ y = \dfrac{d+c}{2} + \dfrac{d-c}{2}\eta \end{cases} \tag{3.17}$$

这时，

$$\frac{\partial u}{\partial x} = \frac{\partial u}{\partial \xi}\frac{\partial \xi}{\partial x} = \frac{2}{b-a}\frac{\partial u}{\partial \xi}$$

$$\frac{\partial^2 u}{\partial x^2} = \frac{\partial}{\partial \xi}\left(\frac{\partial}{\partial x}\right)\frac{\partial \xi}{\partial x} = \frac{4}{(b-a)^2}\frac{\partial^2 u}{\partial \xi^2}$$

$$\frac{\partial u}{\partial y} = \frac{\partial u}{\partial \eta}\frac{\partial \eta}{\partial y} = \frac{2}{d-c}\frac{\partial u}{\partial \eta}$$

$$\frac{\partial^2 u}{\partial y^2} = \frac{\partial}{\partial \eta}\left(\frac{\partial}{\partial y}\right)\frac{\partial \eta}{\partial y} = \frac{4}{(d-c)^2}\frac{\partial^2 u}{\partial \eta^2}$$

因此，边值问题(3.16)可以改写为

$$\begin{cases} \dfrac{4}{(b-a)^2}\dfrac{\partial^2 u}{\partial \xi^2} + \dfrac{4}{(d-c)^2}\dfrac{\partial^2 u}{\partial \eta^2} = f\left(\dfrac{b+a}{2} + \dfrac{b-a}{2}\xi, \dfrac{d+c}{2} + \dfrac{d-c}{2}\eta\right), & -1 < \xi < 1, -1 < \eta < 1 \\ u|_{\xi=-1} = 0, \quad u|_{\xi=1} = 0 \\ u|_{\eta=-1} = 0, \quad u|_{\eta=1} = 0 \end{cases}$$

$$\tag{3.18}$$

于是，求解区间 $[-1,1]\times[-1,1]$ 的边值问题(3.18)即可得到区间 $[a,b]\times[c,d]$ 的边值问题(3.16)的解。

例 3.5　程序实现下列二维泊松方程的 Chebyshev 谱方法近似解：

$$\begin{cases} \dfrac{\partial^2 u}{\partial x^2}+\dfrac{\partial^2 u}{\partial y^2}=1, & 0<x<20,0<y<10 \\ u\big|_{x=0}=0, & u\big|_{x=20}=0 \\ u\big|_{y=0}=0, & u\big|_{y=10}=0 \end{cases}$$

解　取 $N=40$ 和 $M=20$，且 u 按坐标纵轴 y 方向排序为一维数组，程序设计如下：

```
%Chebyshev 谱方法计算非[-1, 1]×[-1, 1]区间的二维泊松方程
clear all;
a=0;b=20;
c=0;d=10;
Nx=40;
[Dx,xi]=cheb(Nx);
Dx=Dx/((b-a)/2);
Ny=20;
[Dy,eta]=cheb(Ny);
Dy=Dy/((d-c)/2);
x=(a+b)/2+xi*(b-a)/2;
y=(c+d)/2+eta*(d-c)/2;
f=zeros((Nx-1)*(Ny-1),1)+1;
Dx2=Dx^2; Dx2=Dx2(2:Nx,2:Nx); I1=eye(Ny-1);
Lx=kron(Dx2,I1);
Dy2=Dy^2; Dy2=Dy2(2:Ny,2:Ny); I2=eye(Nx-1);
Ly=kron(I2,Dy2);
L=Lx+Ly;
u=L\f;
uu=zeros(Ny+1,Nx+1); uu(2:Ny,2:Nx)=reshape(u,Ny-1,Nx-1);
surfc(x,y,uu);
colorbar;
xlabel('x');
ylabel('y');
```

```
zlabel('u(x,y)');
```
程序执行结果如图 3.8 所示。

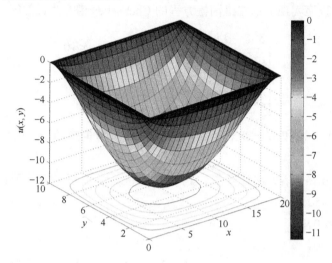

图 3.8　非 $[-1,1] \times [-1,1]$ 区间的齐次 Dirichlet 边界条件下二维泊松方程
的 Chebyshev 谱方法计算结果

另外，我们采用 Chebyshev 谱方法求解二维泊松方程的定解问题过程中，若将离散的 $u(x,y)$ 按坐标横轴 x 方向排序成一维数组的形式，则有

$$\tilde{\boldsymbol{u}}_{(M-1)(N-1)\times 1} = \begin{pmatrix} u_1 \\ u_2 \\ \vdots \\ u_{(i-1)\times(N-1)+j} \\ u_{(i-1)\times(N-1)+j+1} \\ \vdots \\ u_{(M-1)\times(N-1)-1} \\ u_{(M-1)\times(N-1)} \end{pmatrix} = \begin{pmatrix} u_{1,1} \\ u_{1,2} \\ \vdots \\ u_{i,j} \\ u_{i,j+1} \\ \vdots \\ u_{M-1,N-2} \\ u_{M-1,N-1} \end{pmatrix} \tag{3.19}$$

这时，在齐次 Dirichlet 边界条件下，边值问题(3.9)中的 $\partial^2 u/\partial y^2$ 和 $\partial^2 u/\partial x^2$ 可以写成矩阵形式：

$$\frac{\partial^2 u}{\partial y^2} \to \left(\tilde{\boldsymbol{D}}_M^2 \otimes \boldsymbol{I}_{N-1} \right) \tilde{\boldsymbol{u}}_{(M-1)(N-1)\times 1} \tag{3.20}$$

$$\frac{\partial^2 u}{\partial x^2} \to \left(\boldsymbol{I}_{M-1} \otimes \tilde{\boldsymbol{D}}_N^2 \right) \tilde{\boldsymbol{u}}_{(M-1)(N-1)\times 1} \tag{3.21}$$

拉普拉斯算符则可写为

$$\Delta = \frac{\partial^2}{\partial x^2} + \frac{\partial^2}{\partial y^2} \rightarrow \tilde{L} = \tilde{D}_M^2 \otimes I_{N-1} + I_{M-1} \otimes \tilde{D}_N^2 \tag{3.22}$$

这时，边值问题(3.9)的解可以写成

$$\tilde{u}_{(M-1)(N-1)\times 1} = \left(I_{N-1} \otimes \tilde{D}_M^2 + \tilde{D}_N^2 \otimes I_{M-1} \right)^{-1} f_{(M-1)(N-1)\times 1} \tag{3.23}$$

下面我们将 u 按坐标横轴 x 方向排序为一维数组，给出 Chebyshev 谱方法计算例 3.5 的 Matlab 程序代码：

```
%u 按坐标横轴 x 方向排序为一维数组
clear all;
a=0;b=20;
c=0;d=10;
Nx=40;
[Dx,xi]=cheb(Nx);
Dx=Dx/((b-a)/2);
Ny=20;
[Dy,eta]=cheb(Ny);
Dy=Dy/((d-c)/2);
x=(a+b)/2+xi*(b-a)/2;
y=(c+d)/2+eta*(d-c)/2;
f=zeros((Nx-1)*(Ny-1),1)+1;
Dx2=Dx^2; Dx2=Dx2(2:Nx,2:Nx); I1=eye(Ny-1);
Lx=kron(I1,Dx2);
Dy2=Dy^2; Dy2=Dy2(2:Ny,2:Ny); I2=eye(Nx-1);
Ly=kron(Dy2,I2);
L=Lx+Ly;
u=L\f;
u_new=zeros(Nx+1,Ny+1); u_new(2:Nx,2:Ny)=reshape(u, Nx-1,Ny-1);
surfc(x,y,u_new');
colorbar;
xlabel('x');
ylabel('y');
zlabel('u(x,y)');
```

2. 非齐次 Dirichlet 边界

在非齐次 Dirichlet 边界条件下，我们考虑如下二维稳定场方程的边值问题：

$$\begin{cases} \dfrac{\partial^2 u}{\partial x^2} + \dfrac{\partial^2 u}{\partial y^2} = f(x, y), \quad a < x < b, c < y < d \\ u\big|_{x=a} = \varphi_1(y), \quad u\big|_{x=b} = \varphi_2(y) \\ u\big|_{y=c} = \phi_1(x), \quad u\big|_{y=d} = \phi_2(x) \end{cases} \tag{3.24}$$

这里的 φ_1、φ_2、ϕ_1 和 ϕ_2 可以为非零值。

考虑到边界为非齐次的 Dirichlet 边界条件，若 u 按坐标纵轴 y 方向排序为一维数组，拉普拉斯算符可写为

$$\Delta = \frac{\partial^2}{\partial x^2} + \frac{\partial^2}{\partial y^2} \rightarrow \boldsymbol{L} = \boldsymbol{I}_{N+1} \otimes \boldsymbol{D}_M^2 + \boldsymbol{D}_N^2 \otimes \boldsymbol{I}_{M+1} \tag{3.25}$$

对于这种非齐次的 Dirichlet 边界条件，可以采用强加边界的方式。若边界对应的序号为 k，则将矩阵 $\boldsymbol{L}$ 的 k 行修改为 0 0 ⋯ 1 ⋯ 0(k 行 k 列的元素)，从而使得向量 $\boldsymbol{u}$ 和向量 $f(\boldsymbol{x})$ 的相应元素相等；再将向量 $f(\boldsymbol{x})$ 的相应元素修改为 φ_1、φ_2、ϕ_1 或 ϕ_2(函数在边界的取值)，这样边值问题(3.24)的解可以写成

$$\boldsymbol{u} = \left(\hat{\boldsymbol{L}}_N^2\right)^{-1} f(\hat{\boldsymbol{x}}) \tag{3.26}$$

其中，矩阵和向量上的"∧"代表对矩阵、向量进行了强加 Dirichlet 边界处理。

例 3.6 程序实现下列二维拉普拉斯方程的 Chebyshev 谱方法近似解：

$$\begin{cases} \dfrac{\partial^2 u}{\partial x^2} + \dfrac{\partial^2 u}{\partial y^2} = 0, \quad 0 < x < 10, 0 < y < 10 \\ u(0, y) = 0 \\ u(10, y) = 0 \\ u(x, 0) = 0 \\ u(x, 10) = 100 \end{cases}$$

解 利用分离变量法可得该问题的形式解为

$$u(x, y) = \frac{400}{\pi} \sum_{n=0}^{\infty} \frac{1}{(2n+1)\sinh(2n+1)\pi} \sin \frac{(2n+1)\pi x}{10} \sinh \frac{(2n+1)\pi y}{10}$$

取 $N = M = 40$，下面给出利用 Chebyshev 谱方法近似计算的 Matlab 程序代码：

```
%Chebyshev 谱方法计算非齐次 Dirichlet 边界条件下的二维拉普拉斯方程
clear all;
a=0;b=10;
c=0;d=10;
Nx=40;
[Dx,xi]=cheb(Nx);
Dx=Dx/((b-a)/2);
Ny=40;
[Dy,eta]=cheb(Ny);
Dy=Dy/((d-c)/2);
x=(a+b)/2+xi*(b-a)/2;
y=(c+d)/2+eta*(d-c)/2;
f=zeros((Nx+1)*(Ny+1),1)+1;
Dx2=Dx^2;
I1=eye(Ny+1);
Lx=kron(Dx2,I1);
Dy2=Dy^2;
I2=eye(Nx+1);
Ly=kron(I2,Dy2);
L=Lx+Ly;
%强加 Dirichlet 边界条件
for i=1:Ny+1
    for j=1:Nx+1
        k=(j-1)*(Ny+1)+i;
        if(i==1||j==1||j==Nx+1)
            L(k,:)=0;L(k,k)=1;
            f(k,1)=0;
        elseif(i==Ny+1)
            L(k,:)=0;L(k,k)=1;
            f(k,1)=100;
        end
    end
end
u=L\f;
```

```
u_new=reshape(u,Ny+1,Nx+1);
contourf(x,y,u_new,20);
colorbar;
xlabel('x');
ylabel('y');
zlabel('u(x,y)');
```

程序执行结果如图 3.9 所示。

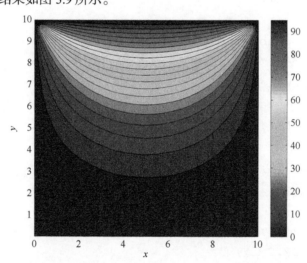

图 3.9　非齐次 Dirichlet 边界条件下二维泊松方程的 Chebyshev 谱方法计算结果

3.2　Neumann 边界条件

Neumann 边界条件，又称为第二类边界条件，它给出了未知函数在边界上的法向方向的导数值。

3.2.1　含 Neumann 边界的一维泊松方程

在 Neumann 边界条件下，考虑如下一维泊松方程：

$$\begin{cases} u''(x) = f(x), & a < x < b \\ u'\big|_{x=a} = \varphi_1 \\ u\big|_{x=b} = \varphi_2 \end{cases} \tag{3.27}$$

其中，$f(x)$ 为已知函数；$u(x)$ 为待求函数。

　　首先，将 x 离散化为 $N+1$ 维向量 $\boldsymbol{x}=\left(x_0,x_1,\cdots,x_N\right)^{\mathrm{T}}$，相应地，$u(x)$ 被离散化为向量 $\boldsymbol{u}=\left(u_0,u_1,\cdots,u_N\right)^{\mathrm{T}}$。右边界为 Dirichlet 边界条件，我们可用如图 3.3 所示的方法修改矩阵 $\boldsymbol{D}_N^2$；左边界为 Neumann 边界条件，可将矩阵 $\boldsymbol{D}_N^2$ 的第一行替换为矩阵 $\boldsymbol{D}_N$ 的第一行，如图 3.10 所示。这时，修正后的矩阵 $\boldsymbol{D}_N^2$ 与向量 $\boldsymbol{u}$ 相乘所得向量的第一个元素将是 $u'\left(x_0\right)$。

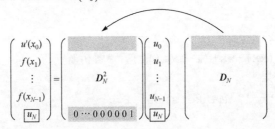

图 3.10　Neumann 边界条件与 Dirichlet 边界条件下修正 Chebyshev 求导矩阵

　　若将修正后的矩阵 $\boldsymbol{D}_N^2$ 记为 $\overline{\boldsymbol{D}}_N^2$，再将向量 $f(\boldsymbol{x})$ 的首尾元素分别修改为 φ_1 和 φ_2。这时，边值问题(3.27)的解可以写成

$$\boldsymbol{u}=\left(\overline{\boldsymbol{D}}_N^2\right)^{-1} f\left(\overline{\boldsymbol{x}}\right) \tag{3.28}$$

　　由于 $\boldsymbol{D}_N$ 的表达式是在区间[−1, 1]上得到的，若求解区间[a, b]上 Neumann 边界条件下的一维泊松方程，同样需要先作相应的坐标变换。

　　例 3.7　程序实现下列一维泊松方程的 Chebyshev 谱方法近似解：

$$\begin{cases} u''(x)=\mathrm{e}^x, & 0\leqslant x\leqslant 1 \\ u'\big|_{x=0}=0 \\ u\big|_{x=1}=0 \end{cases}$$

　　解　该泊松方程的解析解为 $u(x)=\mathrm{e}^x-x+(1-\mathrm{e})$。

取 $N=20$，程序设计如下：

```
%Chebyshev 谱方法计算含 Neumann 边界的一维泊松方程
clear all;
a=0;
b=1;
N=20;
[D,xi]=cheb(N);
x=(a+b)/2+xi*(b-a)/2;
D=D/((b-a)/2);
```

```
D2=D^2;   D2(1,:)=D(1,:);
D2(N+1,:)=0;
D2(N+1,N+1)=1;
f=exp(x(1:N+1));
f(1)=0;
f(N+1)=0;
u=D2\f;
xx=0:0.001:1;
u_ana=exp(xx)-xx+(1-exp(1));  %解析解
%图示计算结果
plot(x,u,'ro','Markersize',8);
hold on
plot(xx,u_ana,'LineWidth',2);
grid on
legend('近似解','解析解');
xlabel('x');
ylabel('u');
```

程序执行结果如图 3.11 所示，Chebyshev 谱方法近似解与解析解一致。

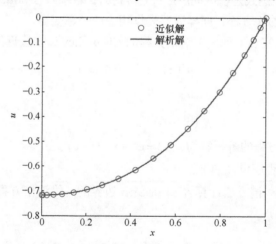

图 3.11　Neumann 边界条件下一维泊松方程的 Chebyshev 谱方法计算结果

3.2.2　含 Neumann 边界的二维泊松方程

在 Neumann 边界条件下，考虑如下二维泊松方程的边值问题：

$$\begin{cases} \dfrac{\partial^2 u}{\partial x^2} + \dfrac{\partial^2 u}{\partial y^2} = f(x,y), \quad a<x<b, c<y<d \\[2mm] \dfrac{\partial u}{\partial x}\bigg|_{x=a} = \varphi_1(y), \quad \dfrac{\partial u}{\partial x}\bigg|_{x=b} = \varphi_2(y) \\[2mm] \dfrac{\partial u}{\partial y}\bigg|_{y=c} = \phi_1(x), \quad \dfrac{\partial u}{\partial y}\bigg|_{y=d} = \phi_2(x) \end{cases} \tag{3.29}$$

其中，$f(x,y)$ 为已知函数；$u(x,y)$ 为待求函数。

首先，需要将横轴上的区间离散化为向量 $\boldsymbol{x}=(x_0,x_1,\cdots,x_N)^{\mathrm{T}}$，再将纵轴上的区间离散化为向量 $\boldsymbol{y}=(y_0,y_1,\cdots,y_M)^{\mathrm{T}}$。若 u 按坐标纵轴 y 方向排序为一维数组，我们将 $\partial/\partial x$、$\partial/\partial y$ 写为矩阵形式 $\boldsymbol{H}_x$、$\boldsymbol{H}_y$：

$$\frac{\partial}{\partial x} \to \boldsymbol{H}_x = \boldsymbol{D}_N \otimes \boldsymbol{I}_{M+1} \tag{3.30}$$

$$\frac{\partial}{\partial y} \to \boldsymbol{H}_y = \boldsymbol{I}_{N+1} \otimes \boldsymbol{D}_M \tag{3.31}$$

为了计算边值问题(3.29)，需要把 3.2.1 小节的方法推广到二维情况：将 $\boldsymbol{H}_x$ 中对应于边界 $x=a$ 和 $x=b$ 的行覆盖到拉普拉斯算符矩阵[式(3.25)]相应的位置，类似地，把 $\boldsymbol{H}_y$ 中对应于边界 $y=c$ 和 $y=d$ 的行覆盖到拉普拉斯算符矩阵相应的位置。同时，将边界处的值修正到向量 f 中。这样，边值问题(3.29)的解可以写成

$$\boldsymbol{u} = \overline{\boldsymbol{L}}^{-1} f(\overline{\boldsymbol{x}}) \tag{3.32}$$

由于 $\boldsymbol{D}_N$ 和 $\boldsymbol{D}_M$ 的表达式是在区间$[-1, 1]$上得到的，若求解区间 $[a,b]\times[c,d]$ 上 Neumann 边界条件下的二维泊松方程，同样需要先作相应的坐标变换。

例 3.8　程序实现下列二维泊松方程的 Chebyshev 谱方法近似解：

$$\begin{cases} \dfrac{\partial^2 u}{\partial x^2} + \dfrac{\partial^2 u}{\partial y^2} = -13\pi^2 \sin\left(3\pi x + \dfrac{\pi}{4}\right)\sin\left(2\pi y + \dfrac{\pi}{4}\right), \quad 0<x<1, 0<y<1 \\[2mm] \dfrac{\partial u}{\partial x}\bigg|_{x=0} = 3\pi\cos\left(\dfrac{\pi}{4}\right)\sin\left(2\pi y + \dfrac{\pi}{4}\right) \\[2mm] \dfrac{\partial u}{\partial x}\bigg|_{x=1} = -3\pi\cos\left(\dfrac{\pi}{4}\right)\sin\left(2\pi y + \dfrac{\pi}{4}\right) \\[2mm] u\big|_{y=0} = \sin\left(\dfrac{\pi}{4}\right)\sin\left(3\pi x + \dfrac{\pi}{4}\right) \\[2mm] u\big|_{y=1} = \sin\left(\dfrac{\pi}{4}\right)\sin\left(3\pi x + \dfrac{\pi}{4}\right) \end{cases}$$

解　该二维泊松方程的解析解为 $u(x,y)=\sin\left(3\pi x+\dfrac{\pi}{4}\right)\sin\left(2\pi y+\dfrac{\pi}{4}\right)$。

取 $N=M=40$，下面给出利用 Chebyshev 谱方法近似计算的 Matlab 程序代码：

```
%Chebyshev 谱方法计算含 Neumann 边界的二维泊松方程
clear all;
a=0;b=1;
c=0;d=1;
Nx=40;
[Dx,xi]=cheb(Nx);
Dx=Dx/((b-a)/2);
Ny=40;
[Dy,eta]=cheb(Ny);
Dy=Dy/((d-c)/2);
x=(a+b)/2+xi*(b-a)/2;
y=(c+d)/2+eta*(d-c)/2;
[xx,yy]=meshgrid(x,y);
xx=xx(:); yy=yy(:);
f=-13*pi*pi*sin(3*pi*xx+pi/4).*sin(2*pi*yy+pi/4);
Dx2=Dx^2;
I1=eye(Ny+1);
Lx=kron(Dx2,I1);
Hx=kron(Dx,I1);
Dy2=Dy^2;
I2=eye(Nx+1);
Ly=kron(I2,Dy2);
L=Lx+Ly;
for i=1:Ny+1
    for j=1:Nx+1
        k=(j-1)*(Ny+1)+i;
        if(i==1||i==Ny+1)
            f(k,1)=sin(pi/4)*sin(3*pi*xx(k)+pi/4);
            L(k,:)=0;L(k,k)=1;
        elseif(j==1)
            f(k,1)=3*pi*cos(pi/4)*sin(2*pi*yy(k)+pi/4);
```

```
            L(k,:)=Hx(k,:);
        elseif(j==Nx+1)
            f(k,1)=-3*pi*cos(pi/4)*sin(2*pi*yy(k)+pi/4);
            L(k,:)=Hx(k,:);
        end
    end
end
u=L\f;
u_new=reshape(u,Ny+1,Nx+1);
surfc(x,y,u_new);
colorbar;
xlabel('x');
ylabel('y');
zlabel('u(x,y)');
```
程序执行结果如图 3.12 所示。

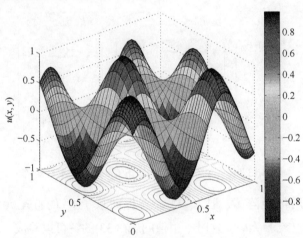

图 3.12　Neumann 边界条件下二维泊松方程的 Chebyshev 谱方法计算结果

3.3　Robin 边界条件

Robin 边界条件，又称为第三类边界条件或混合边界条件，它给出了在边界处未知函数和它在法线方向上导数的线性组合的值。

3.3.1　含 Robin 边界的一维泊松方程

在 Robin 边界条件下，考虑如下一维泊松方程：

$$\begin{cases} u''(x) = f(x), & a < x < b \\ \left. (u' + k_1 u) \right|_{x=a} = \varphi_1 \\ \left. (u' + k_2 u) \right|_{x=b} = \varphi_2 \end{cases} \tag{3.33}$$

其中，$f(x)$ 为已知函数；$u(x)$ 为待求函数；k_1、k_2、φ_1 和 φ_2 为常数。

首先，将 x 离散化为 $N+1$ 维向量 $\boldsymbol{x} = (x_0, x_1, \cdots, x_N)^{\mathrm{T}}$，相应地，$u(x)$ 被离散化为向量 $\boldsymbol{u} = (u_0, u_1, \cdots, u_N)^{\mathrm{T}}$。针对两端边界的 Robin 边界条件，需要综合图 3.3 及图 3.10 所示的方法来修正矩阵 $\boldsymbol{D}_N^2$。修正办法如图 3.13 所示：取出矩阵 $\boldsymbol{D}_N$ 的首(尾)行，在其首(尾)元素上加 k，然后替换到矩阵 $\boldsymbol{D}_N^2$ 的首(尾)行处。这样，修正后的矩阵 $\boldsymbol{D}_N^2$ 与向量 $\boldsymbol{u}$ 相乘所得向量的首尾元素将是 $u'(x_0) + k u_0$ 和 $u'(x_N) + k u_N$。

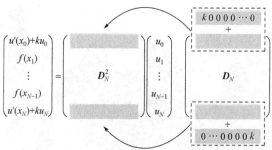

图 3.13　Robin 边界条件下修正 Chebyshev 求导矩阵

若将修正后的矩阵 $\boldsymbol{D}_N^2$ 记为 $\widehat{\boldsymbol{D}}_N^2$，再将向量 $f(\boldsymbol{x})$ 的首尾元素分别修改为 $u'(x_0) + k u_0$ 和 $u'(x_N) + k u_N$。这时，边值问题(3.33)的解可以写成

$$\boldsymbol{u} = \left(\widehat{\boldsymbol{D}}_N^2\right)^{-1} f(\hat{\boldsymbol{x}}) \tag{3.34}$$

同样，由于 $\boldsymbol{D}_N$ 的表达式是在区间[-1, 1]上得到的，若求解区间[a, b]上 Robin 边界条件下的一维泊松方程，我们需要先作相应的坐标变换。

例 3.9　程序实现下列一维泊松方程的 Chebyshev 谱方法近似解：

$$\begin{cases} u''(x) = 1, & 0 \leqslant x \leqslant 1 \\ \left. (u' - u) \right|_{x=0} = 0.1 \\ \left. u \right|_{x=1} = 0 \end{cases}$$

解　该泊松方程的解析解为 $u(x) = \dfrac{1}{2}x^2 - 0.2x - 0.3$ 。

取 $N = 20$，程序设计如下：

```
%Chebyshev 谱方法计算 Robin 边界条件下的一维泊松方程
clear all;
a=0;
b=1;
N=20;
[D,xi]=cheb(N);
D=D/((b-a)/2);
x=(a+b)/2+xi*(b-a)/2;
D2=D^2;
%左边界
I=eye(N+1);
D2(1,:)=D(1,:)-I(1,:);
%右边界
D2(N+1,:)=0;
D2(N+1,N+1)=1;
f=zeros(N-1,1)+1;
f=[0.1;f;0];
u=D2\f;
xx=0:0.001:1;
u_ana=xx.^2/2-0.2*xx-0.3; %解析解
%图示计算结果
plot(x,u,'ro','Markersize',8);
hold on
plot(xx,u_ana,'LineWidth',2);
grid on
legend('近似解','解析解');
xlabel('x');
ylabel('u');
```

程序执行结果如图 3.14 所示，Chebyshev 谱方法近似解与解析解一致。

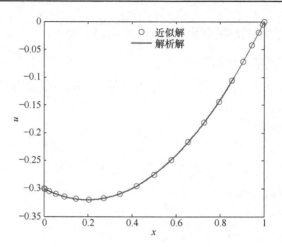

图 3.14　Robin 边界条件下一维泊松方程的 Chebyshev 谱方法计算结果

3.3.2　含 Robin 边界的二维泊松方程

在 Neumann 边界条件下，考虑如下二维泊松方程的边值问题：

$$\begin{cases} \dfrac{\partial^2 u}{\partial x^2} + \dfrac{\partial^2 u}{\partial y^2} = f(x,y), \quad a < x < b, c < y < d \\[3mm] \left(\dfrac{\partial u}{\partial x} + k_1 u\right)\Bigg|_{x=a} = \varphi_1(y), \quad \left(\dfrac{\partial u}{\partial x} + k_2 u\right)\Bigg|_{x=b} = \varphi_2(y) \\[3mm] \left(\dfrac{\partial u}{\partial y} + k_3 u\right)\Bigg|_{y=c} = \phi_1(x), \quad \left(\dfrac{\partial u}{\partial y} + k_3 u\right)\Bigg|_{y=d} = \phi_2(x) \end{cases} \quad (3.35)$$

其中，$f(x,y)$ 为已知函数；$u(x,y)$ 为待求函数。

首先，需要将横轴上的区间离散化为向量 $\boldsymbol{x} = (x_0, x_1, \cdots, x_N)^{\mathrm{T}}$，再将纵轴上的区间离散化为向量 $\boldsymbol{y} = (y_0, y_1, \cdots, y_M)^{\mathrm{T}}$。若 u 按坐标纵轴 y 方向排序为一维数组，我们将 Robin 边界写为矩阵形式 $\boldsymbol{R}_x$、$\boldsymbol{R}_y$：

$$\frac{\partial u}{\partial x} + ku \to \boldsymbol{R}_x \boldsymbol{u}_{(N+1)(M+1)\times 1} = \left(\boldsymbol{D}_N \otimes \boldsymbol{I}_{M+1} + k\boldsymbol{I}_{(N+1)(M+1)}\right)\boldsymbol{u}_{(N+1)(M+1)\times 1} \quad (3.36)$$

$$\frac{\partial u}{\partial y} + ku \to \boldsymbol{R}_y \boldsymbol{u}_{(N+1)(M+1)\times 1} = \left(\boldsymbol{I}_{N+1} \otimes \boldsymbol{D}_M + k\boldsymbol{I}_{(N+1)(M+1)}\right)\boldsymbol{u}_{(N+1)(M+1)\times 1} \quad (3.37)$$

在此需要将 3.3.1 小节的方法推广到二维情况：将矩阵 $\boldsymbol{R}_x$ 和 $\boldsymbol{R}_y$ 中分别对应于边界的行替换到拉普拉斯变换算符矩阵[式(3.25)]中的相应位置。同时，将边界处的值修正到向量 $\boldsymbol{f}$ 中。这样边值问题(3.35)的解可以写成

$$\boldsymbol{u} = \hat{\boldsymbol{L}}^{-1} f(\hat{\boldsymbol{x}}) \tag{3.38}$$

由于 $\boldsymbol{D}_N$ 和 $\boldsymbol{D}_M$ 的表达式是在区间[-1, 1]上得到的，若求解区间 $[a,b] \times [c,d]$ 上 Robin 边界条件下的二维泊松方程，同样需要先作相应的坐标变换。

例 3.10　程序实现下列二维泊松方程的 Chebyshev 谱方法近似解：

$$\begin{cases} \dfrac{\partial^2 u}{\partial x^2} + \dfrac{\partial^2 u}{\partial y^2} = \sin\left[(x+5)(y+2)\right], & -2 < x < 2, -2 < y < 2 \\[3mm] \left(\dfrac{\partial u}{\partial x} + 10u\right)\bigg|_{x=-2} = 10, \quad \left(\dfrac{\partial u}{\partial x} + 10u\right)\bigg|_{x=2} = 10 \\[3mm] \left(\dfrac{\partial u}{\partial y} + 10u\right)\bigg|_{y=-2} = 10, \quad \left(\dfrac{\partial u}{\partial y} + 10u\right)\bigg|_{y=2} = 10 \end{cases}$$

解　取 $N = M = 40$，下面给出利用 Chebyshev 谱方法近似计算的 Matlab 程序代码：

```
%Chebyshev 谱方法计算含 Robin 边界条件下的二维泊松方程
clear all;
a=-2;b=2;
c=-2;d=2;
Nx=40;
[Dx,xi]=cheb(Nx);
Dx=Dx/((b-a)/2);
Ny=40;
[Dy,eta]=cheb(Ny);
Dy=Dy/((d-c)/2);
x=(a+b)/2+xi*(b-a)/2;
y=(c+d)/2+eta*(d-c)/2;
[xx,yy]=meshgrid(x,y);
xx=xx(:); yy=yy(:);
f=sin((xx+5).*(yy+2));
Dx2=Dx^2;
I1=eye(Ny+1);
Lx=kron(Dx2,I1);
Hx=kron(Dx,I1);
Dy2=Dy^2;
I2=eye(Nx+1);
Ly=kron(I2,Dy2);
```

```
Hy=kron(I2,Dy);
L=Lx+Ly;
for i=1:Ny+1
    for j=1:Nx+1
        k=(j-1)*(Ny+1)+i;
        I=eye((Nx+1)*(Ny+1));
        if(i==1||i==Ny+1)
            L(k,:)=Hy(k,:)+10*I(k,:);
            f(k,1)=10;
        elseif(j==1||j==Nx+1)
            L(k,:)=Hx(k,:)+10*I(k,:);
            f(k,1)=10;
        end
    end
end
u=L\f;
u_new=reshape(u,Ny+1,Nx+1);
%图示计算结果
surfc(x,y,u_new);
colorbar;
xlabel('x');
ylabel('y');
zlabel('u(x,y)');
```

程序执行结果如图 3.15 所示。

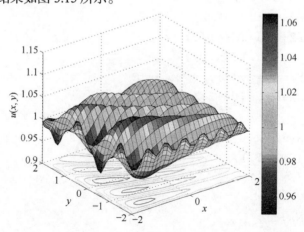

图 3.15　Robin 边界条件下二维泊松方程的 Chebyshev 谱方法计算结果

第 4 章　热传导方程的 Chebyshev 谱方法

热传导方程是一类重要的偏微分方程，也是最简单的一种抛物型方程，它描述一个区域内的温度如何随时间变化。本章主要讨论 Chebyshev 谱方法求解热传导方程的定解问题，涉及求导矩阵的建立和三类边界条件的处理。

4.1　一维热传导方程

4.1.1　Dirichlet 边界问题

1. 齐次 Dirichlet 边界条件

在齐次 Dirichlet 边界条件下，我们考虑如下一维热传导方程的定解问题：

$$\begin{cases} \dfrac{\partial u}{\partial t} = c^2 \dfrac{\partial^2 u}{\partial x^2}, & -1 < x < 1, 0 < t < T \\ u(-1, t) = 0, \quad u(1, t) = 0, \quad t \geqslant 0 \\ u(x, 0) = \varphi(x), & -1 \leqslant x \leqslant 1 \end{cases} \tag{4.1}$$

其中，c^2 为正常数。

首先，需要将横轴上的区间[-1, 1]离散化为向量 $\boldsymbol{x} = (x_0, x_1, \cdots, x_N)^{\mathrm{T}}$，相应地，$u(x)$ 被离散化为向量 $\boldsymbol{u} = (u_0, u_1, \cdots, u_N)^{\mathrm{T}}$。按 3.1.1 小节的方法，我们可得到齐次 Dirichlet 边界条件下修正的 Chebyshev 求导矩阵；同时，需要对 $\dfrac{\partial \boldsymbol{u}}{\partial t}$ 进行向后差分近似处理。于是可得

$$\frac{\boldsymbol{u}^{k+1} - \boldsymbol{u}^k}{\Delta t} = c^2 \tilde{\boldsymbol{D}}_N^2 \boldsymbol{u}^{k+1} \tag{4.2}$$

整理后，得

$$\left(\boldsymbol{I} - c^2 \Delta t \tilde{\boldsymbol{D}}_N^2 \right) \boldsymbol{u}^{k+1} = \boldsymbol{u}^k \tag{4.3}$$

当 $\boldsymbol{u}^k$ 已知时，求解线性方程组(4.3)即可求出 $\boldsymbol{u}^{k+1}$。因此，代入初始条件和边界条件，求解线性方程组即可得不同时刻各节点的温度分布。需要说明的是，这里的差分格式为隐式差分。

由于 $\boldsymbol{D}_N$ 的表达式是在区间$[-1, 1]$上得到的，若求解区间$[a, b]$上齐次 Dirichlet 边界条件下的一维热传导方程，需要先作相应的坐标变换。

例 4.1　程序实现下列齐次 Dirichlet 边界条件下一维热传导混合问题的 Chebyshev 谱方法近似解：

$$\begin{cases} \dfrac{\partial u}{\partial t} = \dfrac{1}{4}\dfrac{\partial^2 u}{\partial x^2}, & 0 < x < 1, 0 < t < 1 \\ u\big|_{x=0} = u\big|_{x=1} = 0, & t \geqslant 0 \\ u\big|_{t=0} = \sin(\pi x), & 0 \leqslant x \leqslant 1 \end{cases}$$

解　利用分离变量法可得该定解问题的解析解为

$$u(x,t) = \mathrm{e}^{-(0.5\pi)^2 t}\sin(\pi x)$$

取 $N = 30$，下面给出利用 Chebyshev 谱方法计算的 Matlab 程序代码：

```
%Chebyshev 谱方法计算齐次 Dirichlet 边界条件下的一维热传导方程
clear all;
dt=0.1;
t=0:dt:1;
a=0;
b=1;
N=30;
[D,xi]=cheb(N);
D=D/((b-a)/2);
x=(a+b)/2+xi*(b-a)/2;
D2=D^2;
D2=D2(2:N,2:N);
D2=(dt/4)*D2;
u(:,1)=sin(pi*x);          %初始条件
u(1,:)=0;u(N+1,:)=0;       %边界条件
for i=2:length(t)
    L=eye(N-1)-D2;
    u(2:N,i)=L\u(2:N,i-1);
end
%解析解表示
[xx,tt]=meshgrid(x,t);
for k=1:length(t)
```

```
    for i=1:length(x)
        u_true(i,k)=sin(pi*x(i))*exp(-0.25*pi*pi*tt(k));
    end
end
%图示计算结果
subplot(211);
surfc(x,t,u');
colorbar;
title('近似解')
xlabel('x');
ylabel('t');
zlabel('u(x,t)');
subplot(212);
surfc(x,t,u_true');
colorbar;
title('解析解')
xlabel('x');
ylabel('t');
zlabel('u(x,t)');
```

程序执行结果如图 4.1 所示，Chebyshev 谱方法近似解与解析解一致。

2. 非齐次 Dirichlet 边界条件

在非齐次 Dirichlet 边界条件下，我们考虑如下一维热传导方程的定解问题：

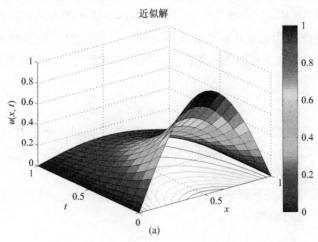

(a)

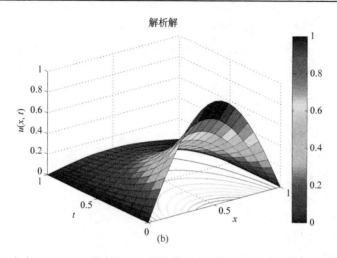

图 4.1　齐次 Dirichlet 边界条件下一维热传导方程的 Chebyshev 谱方法计算结果

$$\begin{cases} \dfrac{\partial u}{\partial t} = c^2 \dfrac{\partial^2 u}{\partial x^2}, & -1 < x < 1, 0 < t < T \\ u(-1,t) = g_1(t), \quad u(1,t) = g_2(t), & t \geqslant 0 \\ u(x,0) = \varphi(x), & 0 \leqslant x \leqslant L \end{cases} \tag{4.4}$$

其中，c^2 为正常数。

　　求解非齐次 Dirichlet 边界条件下的一维热传导方程的定解问题，其非齐次 Dirichlet 边界的处理方法与一维泊松方程边值问题中的边界处理相同。为了计算不同时刻各节点的温度分布，令

$$L = I - c^2 \Delta t D_N^2 \tag{4.5}$$

对于非齐次的 Dirichlet 边界条件，可以采用强加边界的方式。首先，将矩阵 L 的首尾行分别修改为 $1\ 0\ 0 \cdots 0$ 和 $0 \cdots 0\ 0\ 1$，得到修正的矩阵 $\hat{L}$；然后，强加边界处的值到线性方程组的右端向量。这样，求解定解问题(4.4)的线性方程组可以写成

$$\hat{L} u^{k+1} = u^k \tag{4.6}$$

当 u^k 已知时，求解线性方程组(4.6)即可求出 u^{k+1}。同时，由于 D_N 的表达式是在区间[-1, 1]上得到的，若求解区间[a, b]上非齐次 Dirichlet 边界条件下的一维热传导方程，需要先作相应的坐标变换。

　　例 4.2　程序实现下列非齐次 Dirichlet 边界条件下一维热传导混合问题的 Chebyshev 谱方法近似解：

$$\begin{cases} \dfrac{\partial u}{\partial t} = \dfrac{\partial^2 u}{\partial x^2}, & 0 < x < 1, t > 0 \\ u|_{x=0} = 100, \quad u|_{x=1} = 100, & t \geqslant 0 \\ u|_{t=0} = 3\sin(5\pi x) + 100, & 0 \leqslant x \leqslant 1 \end{cases}$$

解　利用分离变量法可得该定解问题的解析解为

$$u(x,t) = 100 + 3\sin(5\pi x)e^{-25\pi^2 t}$$

取 $N = 50$，下面给出利用 Chebyshev 谱方法计算的 Matlab 程序代码：

```
%Chebyshev 谱方法计算非齐次 Dirichlet 边界条件下的一维热传导方程
clear all;
dt=0.005;
t=0:dt:0.1;
a=0;
b=1;
N=50;
[D,xi]=cheb(N);
D=D/((b-a)/2);
x=(a+b)/2+xi*(b-a)/2;
u(:,1)=3*sin(5*pi*x)+100; %初始条件
D2=D^2;
D2=dt*D2;
L=eye(N+1)-D2;
L(1,:)=0;    L(1,1)=1;
L(N+1,:)=0; L(N+1,N+1)=1;
for i=2:length(t)
    u(1,i-1)=100;
    u(N+1,i-1)=100;
    u(:,i)=L\u(:,i-1);
end
%解析解表示
[xx,tt]=meshgrid(x,t);
for k=1:length(t)
    for i=1:length(x)
        u_true(i,k)=100+3*sin(5*pi*x(i))*exp(-25
*pi*pi*tt(k));
    end
end
```

```
%图示计算结果
subplot(211)
surfc(x,t,u');
title('近似解')
shading flat;
colorbar;
xlabel('x');
ylabel('t');
zlabel('u(x,t)');
subplot(212)
surfc(x,t,u_true');
title('解析解')
shading flat;
colorbar;
xlabel('x');
ylabel('t');
zlabel('u(x,t)');
```

程序执行结果如图 4.2 所示，Chebyshev 谱方法近似解与解析解一致。

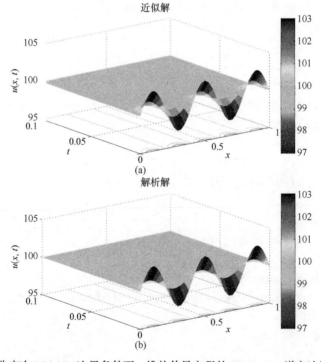

图 4.2　非齐次 Dirichlet 边界条件下一维热传导方程的 Chebyshev 谱方法计算结果

4.1.2　Neumann 边界问题

在 Neumann 边界条件下，我们考虑如下一维热传导方程的定解问题：

$$\begin{cases} \dfrac{\partial u}{\partial t} = c^2 \dfrac{\partial^2 u}{\partial x^2}, & -1 < x < 1, 0 < t < T \\[2mm] \dfrac{\partial u}{\partial x}\bigg|_{x=-1} = g_1(t), \quad \dfrac{\partial u}{\partial x}\bigg|_{x=1} = g_2(t), & t \geqslant 0 \\[2mm] u|_{t=0} = \varphi(x), & 0 \leqslant x \leqslant L \end{cases} \tag{4.7}$$

其中，c^2 为正常数。

利用 Chebyshev 谱方法求解该定解问题，首先需要将横轴上的区间 $[-1,1]$ 离散化为向量 $\boldsymbol{x} = (x_0, x_1, \cdots, x_N)^{\mathrm{T}}$，相应地，$u(x)$ 被离散化为向量 $\boldsymbol{u} = (u_0, u_1, \cdots, u_N)^{\mathrm{T}}$。然后，对 $\dfrac{\partial \boldsymbol{u}}{\partial t}$ 进行向后差分近似处理。这时，式(4.7)的偏微分方程可以改写成

$$\frac{\boldsymbol{u}^{k+1} - \boldsymbol{u}^k}{\Delta t} = c^2 \boldsymbol{D}_N^2 \boldsymbol{u}^{k+1} \tag{4.8}$$

整理后，得

$$\left(c^2 \boldsymbol{D}_N^2 - \frac{\boldsymbol{I}}{\Delta t} \right) \boldsymbol{u}^{k+1} = -\frac{1}{\Delta t} \boldsymbol{u}^k \tag{4.9}$$

由于定解问题(4.7)的边界条件包含了导数，我们可以采用差分法近似处理。在点 (x_0, t_{k+1}) 处利用向前差商逼近 $\dfrac{\partial u}{\partial x}$，而在点 (x_{N+1}, t_{k+1}) 处利用向后差商来逼近 $\dfrac{\partial u}{\partial x}$，这样我们得出式(4.7)的边界条件处理：

$$\begin{cases} \dfrac{u_1^{k+1} - u_0^{k+1}}{\Delta x_1} = g_1(t_{k+1}) \\[3mm] \dfrac{u_{N+1}^{k+1} - u_N^{k+1}}{\Delta x_N} = g_2(t_{k+1}) \end{cases} \tag{4.10}$$

容易看出，这样边界条件处理是一阶精度的。

当 $\boldsymbol{u}^k$ 已知时，结合处理后的边界条件(4.10)，求解线性方程组(4.9)即可求出 $\boldsymbol{u}^{k+1}$。

由于 $\boldsymbol{D}_N$ 的表达式是在区间 $[-1, 1]$ 上得到的，若求解区间 $[a, b]$ 上 Neumann 边界条件下的一维热传导方程，需要先作相应的坐标变换。

例 4.3　程序实现下列 Neumann 边界条件下一维热传导方程的 Chebyshev 谱方法近似解：

$$\begin{cases} \dfrac{\partial u}{\partial t} = \dfrac{\partial^2 u}{\partial x^2}, & 0 < x < 3, t > 0 \\[2mm] \left. \dfrac{\partial u}{\partial x} \right|_{x=0} = 0, \quad \left. \dfrac{\partial u}{\partial x} \right|_{x=3} = 0, & t \geqslant 0 \\[2mm] \left. u \right|_{t=0} = x, & 0 \leqslant x \leqslant 3 \end{cases}$$

解　利用分离变量法可得该定解问题的形式解为

$$u(x,t) = 1.5 - \frac{12}{\pi^2} \sum_{n=1}^{\infty} \frac{1}{(2n-1)^2} e^{-\frac{(2n-1)^2 \pi^2}{9} t} \cos \frac{(2n-1)\pi x}{3}$$

取 $N = 30$，下面给出利用 Chebyshev 谱方法计算的 Matlab 程序代码：

```
%Chebyshev 谱方法计算 Neumann 边界条件下的一维热传导方程
clear all;
dt=0.03;
t=0:dt:1;
a=0;
b=3;
N=30;
[D,xi]=cheb(N);
D=D/((b-a)/2);
D2=D^2;
x=(a+b)/2+xi*(b-a)/2;
u(:,1)=x; %初始条件
L=D2-eye(N+1)/dt;
L(1,:)=0;   L(1,1)=-1;   L(1,2)=1;
L(N+1,:)=0; L(N+1,N)=-1;   L(N+1,N+1)=1;
for i=2:length(t)
    P=(-1/dt)*u(:,i-1);
    P(1)=(x(2)-x(1))*0;
    P(end)=(x(N+1)-x(N))*0;
    u(:,i)=L\P;
end
%图示计算结果
surfc(x,t,u');
colorbar;
```

```
shading flat;
xlabel('x');
ylabel('t');
zlabel('u(x,t)');
```

程序执行结果如图 4.3 所示。可以预料，若时间 t 足够长，杆上的温度必将处处相等。

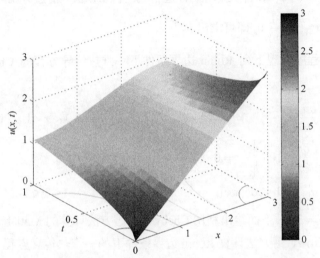

图 4.3　Neumann 边界条件下一维热传导方程的 Chebyshev 谱方法计算结果

4.1.3　Robin 边界问题

在 Robin 边界条件下，我们考虑如下一维热传导方程的定解问题：

$$\begin{cases} \dfrac{\partial u}{\partial t} = c^2 \dfrac{\partial^2 u}{\partial x^2}, & -1 < x < 1, 0 < t < T \\ \left.\left(\dfrac{\partial u}{\partial x} + k_1 u\right)\right|_{x=-1} = g_1(t), \left.\left(\dfrac{\partial u}{\partial x} + k_2 u\right)\right|_{x=1} = g_2(t), & t \geqslant 0 \\ u\big|_{t=0} = \varphi(x), & 0 \leqslant x \leqslant L \end{cases} \tag{4.11}$$

其中，c、k_1 和 k_2 为常数。

由于定解问题(4.11)的边界条件包含了导数，我们可以采用差分法近似处理。在点 (x_0, t_{k+1}) 处利用向前差商逼近 $\dfrac{\partial u}{\partial x}$，而在点 (x_{N+1}, t_{k+1}) 处利用向后差商来逼近 $\dfrac{\partial u}{\partial x}$，这样我们得出式(4.11)的边界条件处理：

$$\begin{cases} \dfrac{u_1^{k+1}-u_0^{k+1}}{\Delta x_1}+k_1 u_0^{k+1}=g_1\left(t_{k+1}\right) \\[3mm] \dfrac{u_{N+1}^{k+1}-u_N^{k+1}}{\Delta x_N}+k_2 u_{N+1}^{k+1}=g_2\left(t_{k+1}\right) \end{cases} \tag{4.12}$$

容易看出，这样边界条件的处理是一阶精度的。

当 u^k 已知时，结合处理后的边界条件(4.12)，通过求解线性方程组 $\left(c^2 D_N^2-\dfrac{I}{\Delta t}\right)u_{k+1}=-\dfrac{1}{\Delta t}u_k$ 即可求出 u^{k+1}。

例 4.4　程序实现下列 Robin 边界条件下一维热传导方程的 Chebyshev 谱方法近似解：

$$\begin{cases} \dfrac{\partial u}{\partial t}=\dfrac{\partial^2 u}{\partial x^2}, & -1<x<1, t>0 \\[3mm] \left(\dfrac{\partial u}{\partial x}-10u\right)\Big|_{x=-1}=0, & \left(\dfrac{\partial u}{\partial x}+10u\right)\Big|_{x=1}=0, \quad t\geqslant 0 \\[3mm] u\big|_{t=0}=1+\cos\left(\pi x\right), & -1\leqslant x\leqslant 1 \end{cases}$$

解　取 $N=30$，下面给出利用 Chebyshev 谱方法计算的 Matlab 程序代码：

```
%Chebyshev 谱方法计算 Robin 边界条件下的一维热传导方程
clear all;
dt=0.03;
t=0:dt:1;
a=-1;
b=1;
N=30;
[D,xi]=cheb(N);
D=D/((b-a)/2);
D2=D^2;
x=(a+b)/2+xi*(b-a)/2;
u(:,1)=1+cos(pi*x);  %初始条件
L=D2-eye(N+1)/dt;
L(1,:)=0;   L(1,1)=-1-10*(x(2)-x(1));   L(1,2)=1;
L(N+1,:)=0; L(N+1,N)=-1;   L(N+1,N+1)=1+10*(x(N+1)-x(N));
for i=2:length(t)
    P=(-1/dt)*u(:,i-1);
    P(1)=(x(2)-x(1))*0;
```

```
    P(end)=(x(N+1)-x(N))*0;
    u(:,i)=L\P;
end
%图示计算结果
surfc(x,t,u');
colorbar;
shading flat;
xlabel('x');
ylabel('t');
zlabel('u(x,t)');
```

程序输出结果如图 4.4 所示，热量迅速在杆上扩散开来，并通过边界传递到外界，杆两端与外界的温差越小，向外界传递热量的速度也就越慢，最终整个杆的温度将趋于 0。

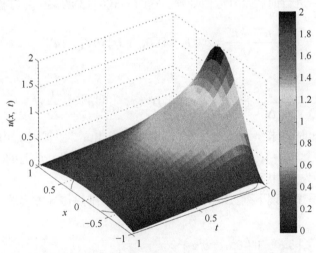

图 4.4　Robin 边界条件下一维热传导方程的 Chebyshev 谱方法计算结果

4.2　二维热传导方程

4.2.1　Dirichlet 边界问题

对于 Dirichlet 边界问题，我们考虑如下二维热传导方程的定解问题：

$$\begin{cases} \dfrac{\partial u}{\partial t} = c^2 \left(\dfrac{\partial^2 u}{\partial x^2} + \dfrac{\partial^2 u}{\partial y^2} \right), & -1 < x < 1, -1 < y < 1, t > 0 \\ u(-1,y,t) = g_1(y,t), \quad u(1,y,t) = g_2(y,t), & -1 \leqslant y \leqslant 1, t \geqslant 0 \\ u(x,-1,t) = h_1(x,t), \quad u(x,1,t) = h_2(x,t), & -1 \leqslant x \leqslant 1, t \geqslant 0 \\ u(x,y,0) = f(x,y), & -1 \leqslant x \leqslant 1, -1 \leqslant y \leqslant 1 \end{cases} \tag{4.13}$$

其中，c^2 为正常数。

首先，需要将横轴上的区间 $[-1,1]$ 离散化为向量 $\boldsymbol{x} = (x_0, x_1, \cdots, x_N)^T$，再将纵轴上的区间 $[-1,1]$ 离散化为向量 $\boldsymbol{y} = (y_0, y_1, \cdots, y_M)^T$。若某时刻的 $\boldsymbol{u}^k$ 按坐标纵轴 y 方向排序为一维数组，则拉普拉斯算符可写为

$$\Delta = \frac{\partial^2}{\partial x^2} + \frac{\partial^2}{\partial y^2} \to \boldsymbol{L} = \boldsymbol{I}_{N+1} \otimes \boldsymbol{D}_M^2 + \boldsymbol{D}_N^2 \otimes \boldsymbol{I}_{M+1} \tag{4.14}$$

若再对 $\dfrac{\partial \boldsymbol{u}}{\partial t}$ 进行向后差分近似处理。这时，式(4.13)的偏微分方程可以改写成

$$\frac{\boldsymbol{u}^{k+1} - \boldsymbol{u}^k}{\Delta t} = c^2 \left(\boldsymbol{I}_{N+1} \otimes \boldsymbol{D}_M^2 + \boldsymbol{D}_N^2 \otimes \boldsymbol{I}_{M+1} \right) \boldsymbol{u}^{k+1} \tag{4.15}$$

整理后，得

$$\left[\frac{\boldsymbol{I}}{\Delta t} - c^2 \left(\boldsymbol{I}_{N+1} \otimes \boldsymbol{D}_M^2 + \boldsymbol{D}_N^2 \otimes \boldsymbol{I}_{M+1} \right) \right] \boldsymbol{u}^{k+1} = \frac{1}{\Delta t} \boldsymbol{u}^k \tag{4.16}$$

当 $\boldsymbol{u}^k$ 已知时，求解线性方程组(4.16)即可求出 $\boldsymbol{u}^{k+1}$。同时，由于 $\boldsymbol{D}_N$ 和 $\boldsymbol{D}_M$ 的表达式是在区间 $[-1, 1]$ 上得到的，若求解区间 $[a,b] \times [c,d]$ 上的二维热传导方程，同样需要先作相应的坐标变换。

例 4.5　程序实现下列 Dirichlet 边界条件下二维热传导方程的 Chebyshev 谱方法近似解：

$$\begin{cases} \dfrac{\partial u}{\partial t} = \dfrac{1}{\pi^2} \left(\dfrac{\partial^2 u}{\partial x^2} + \dfrac{\partial^2 u}{\partial y^2} \right), & 0 < x < 1, 0 < y < 1, t > 0 \\ u(0,y,t) = u(1,y,t) = 0, & 0 \leqslant y \leqslant 1, t \geqslant 0 \\ u(x,0,t) = u(x,1,t) = 0, & 0 \leqslant x \leqslant 1, t \geqslant 0 \\ u(x,y,0) = \sin(\pi x)\sin(\pi y), & 0 \leqslant x \leqslant 1, 0 \leqslant y \leqslant 1 \end{cases}$$

解　(1) 利用分离变量法可得该定解问题的解析解为

$$u(x,y,t) = \sin(\pi x)\sin(\pi y)\mathrm{e}^{-2t}$$

取 $0 \leqslant t \leqslant 1$，图示解析解的 Matlab 程序代码如下：

```
clear all;
dx=0.05;
```

```
dy=0.05;
dt=0.01;
x=0:dx:1;
y=0:dy:1;
t=0:dt:1;
[X,Y]=meshgrid(x,y);
u=zeros(size(y,2),size(x,2),size(t,2));
for k=1:size(t,2)
    u(:,:,k)=sin(pi*X).*sin(pi*Y)*exp(-2*t(k));
    %图示解析解
    surf(x,y,u(:,:,k));
    colorbar;
    title(['解析解: t=', num2str((k-1)*dt)]);
    set(gca,'XLim',[0 1]);
    set(gca,'YLim',[0 1]);
    set(gca,'ZLim',[-1 1]);
    xlabel('x');
    ylabel('y');
    zlabel('u');
    drawnow;
    pause(0.1);
end
```

(2) Chebyshev 谱方法近似解。取 $N = M = 30$，Matlab 程序代码如下：

```
%Chebyshev 谱方法计算齐次 Dirichlet 边界条件下的二维热传导方程
clear all;
dt=0.01;
t=0:dt:1;
a=0;b=1;
c=0;d=1;
Nx=30;
[Dx,xi]=cheb(Nx);
Dx=Dx/((b-a)/2);
Ny=30;
[Dy,eta]=cheb(Ny);
```

```
Dy=Dy/((d-c)/2);
x=(a+b)/2+xi*(b-a)/2;
y=(c+d)/2+eta*(d-c)/2;
%初始条件
for i=1:length(y)
    for j=1:length(x)
        u(i,j,1)=sin(pi*x(j))*sin(pi*y(i));
    end
end
uu(:,1)=reshape(u(2:Ny,2:Nx,1),(Ny-1)*(Nx-1),1);
%构造 Chebyshev 求导矩阵
Dx2=Dx^2; Dx2=Dx2(2:Nx,2:Nx); I1=eye(Ny-1);
Lx=kron(Dx2,I1);
Dy2=Dy^2; Dy2=Dy2(2:Ny,2:Ny); I2=eye(Nx-1);
Ly=kron(I2,Dy2);
Lxy=Lx+Ly;
%求解
for k=2:length(t)
    L=eye((Nx-1)*(Ny-1))-(dt/pi/pi)*Lxy;
    uu(:,k)=L\uu(:,k-1);
end
for k=1:length(t)
    u_new(:,:,k)=zeros(Ny+1,Nx+1);
    u_new(2:Ny,2:Nx,k)=reshape(uu(:,k),Ny-1,Nx-1);
    %图示计算结果
    surf(x,y,u_new(:,:,k));
    colorbar;
    title(['近似解: t=',num2str((k-1)*dt)]);
    set(gca,'XLim',[0 1]);
    set(gca,'YLim',[0 1]);
    set(gca,'ZLim',[-1 1]);
    xlabel('x');
    ylabel('y');
    zlabel('u');
```

```
drawnow;
pause(0.1);
```
end

　　利用上述程序计算并图示 *t*=0.2，0.4，0.6，0.8，1.0 时的 Chebyshev 谱方法近似解和解析解，如图 4.5 所示。从图上可以看出：Chebyshev 谱方法的近似解与解析解吻合得很好。

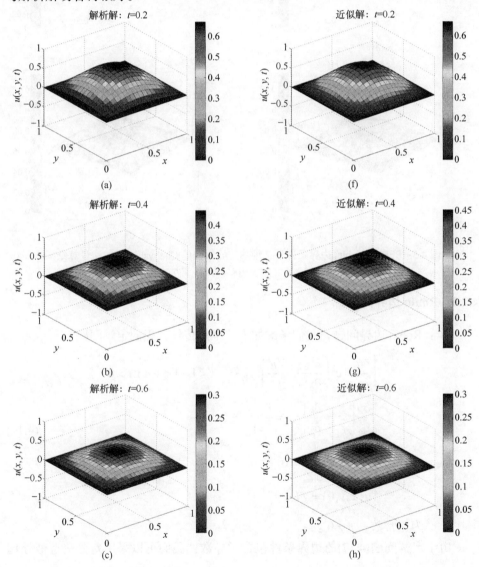

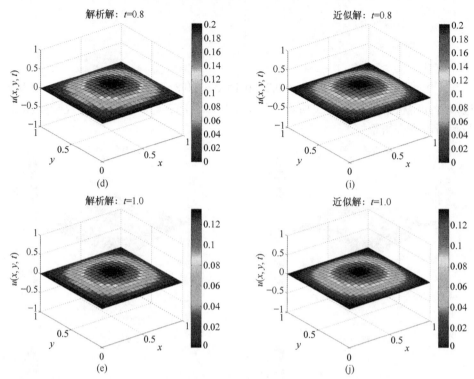

图 4.5　齐次 Dirichlet 边界条件下二维热传导方程的 Chebyshev 谱方法计算结果

(a)～(e)理论解析解；(f)～(j)Chebyshev 谱方法近似解

4.2.2　Robin 边界问题

对于 Robin 边界问题，我们考虑如下二维热传导方程的定解问题：

$$\begin{cases} \dfrac{\partial u}{\partial t} = c^2 \left(\dfrac{\partial^2 u}{\partial x^2} + \dfrac{\partial^2 u}{\partial y^2} \right), & -1 < x < 1, -1 < y < 1, t > 0 \\[2mm] \dfrac{\partial u}{\partial x}\bigg|_{x=-1} = \dfrac{\partial u}{\partial y}\bigg|_{y=-1} = \dfrac{\partial u}{\partial y}\bigg|_{y=1} = 0 \\[2mm] \left[\dfrac{\partial u}{\partial x} + hu \right]\bigg|_{x=1} = 0 \\[2mm] u(x, y, 0) = f(x, y) \end{cases} \quad (4.17)$$

其中，c^2 为正常数；$h \neq 0$。

由于定解问题(4.17)的边界条件包含了导数，我们可以采用差分法近似处理。在点 $x = -1$ 和点 $y = -1$ 边界处利用向前差商逼近 $\dfrac{\partial u}{\partial x}$ 与 $\dfrac{\partial u}{\partial y}$，而在点 $x = 1$ 和点

$y=1$ 边界处利用向后差商来逼近 $\dfrac{\partial u}{\partial x}$ 与 $\dfrac{\partial u}{\partial y}$。这样，我们得出式(4.17)的边界条件处理表达式

$$\begin{cases} \dfrac{u_{i+Ny}^k - u_i^k}{\Delta x_1} = 0 \\[2mm] \dfrac{u_{i+1}^k - u_i^k}{\Delta y_1} = 0 \\[2mm] \dfrac{u_i^k - u_{i-1}^k}{\Delta y_{Ny}} = 0 \\[2mm] \dfrac{u_i^k - u_{i-Ny-1}^k}{\Delta x_{Nx}} + h u_i^k = 0 \end{cases} \quad (i \text{ 为边界处节点}) \tag{4.18}$$

例 4.6 程序实现下列 Robin 边界条件下二维热传导方程的 Chebyshev 谱方法近似解：

$$\begin{cases} \dfrac{\partial u}{\partial t} = \dfrac{\partial^2 u}{\partial x^2} + \dfrac{\partial^2 u}{\partial y^2}, \quad -1 < x < 1, -1 < y < 1, t > 0 \\[2mm] \left.\dfrac{\partial u}{\partial x}\right|_{x=-1} = \left.\dfrac{\partial u}{\partial y}\right|_{y=-1} = \left.\dfrac{\partial u}{\partial y}\right|_{y=1} = 0 \\[2mm] \left[\dfrac{\partial u}{\partial x} + 10u\right]_{x=1} = 0 \\[2mm] u(x,y,0) = \left[1+\cos(\pi x)\right]\left[1+\cos(\pi y)\right] \end{cases}$$

解 取 $N = M = 30$，下面给出利用 Chebyshev 谱方法近似计算的 Matlab 程序代码：

```
%Chebyshev 谱方法计算 Robin 边界条件下的二维热传导方程
clear all;
dt=0.01;
t=0:dt:1.0;
a=-1;b=1;
c=-1;d=1;
Nx=30;
[Dx,xi]=cheb(Nx);
Dx=Dx/((b-a)/2);
Ny=30;
[Dy,eta]=cheb(Ny);
```

```
Dy=Dy/((d-c)/2);
x=(a+b)/2+xi*(b-a)/2;
y=(c+d)/2+eta*(d-c)/2;
%初始条件
for i=1:length(y)
    for j=1:length(x)
        u(i,j,1)=(1+cos(pi*x(j)))*(1+cos(pi*y(i)));
    end
end
uu(:,1)=reshape(u(:,:,1),(Ny+1)*(Nx+1),1);
%构造 Chebyshev 求导矩阵
Dx2=Dx^2; I1=eye(Ny+1);
Lx=kron(Dx2,I1);
Dy2=Dy^2; I2=eye(Nx+1);
Ly=kron(I2,Dy2);
Lxy=Lx+Ly;
%加入边界条件，求解线性方程组
for kk=2:length(t)
    L=eye((Nx+1)*(Ny+1))/dt-Lxy;
    P=(eye((Nx+1)*(Ny+1))/dt)*uu(:,kk-1);
    for i=1:Ny+1
        for j=1:Nx+1
            k=(j-1)*(Ny+1)+i;
            I=eye((Nx+1)*(Ny+1));
            if(j==1)
                L(k,:)=0;L(k,k)=-1; L(k,k+Ny+1)=1;
                P(k)=0;
            elseif(j==Nx+1)
                L(k,:)=0;L(k,k)=1+10*(x(Nx+1)-x(Nx));
                L(k,k-Ny-1)=-1;
                P(k)=0;
            elseif(i==1)
                L(k,:)=0;L(k,k)=-1; L(k,k+1)=1;
                P(k)=0;
```

```
            elseif(i==Ny+1)
                L(k,:)=0;L(k,k-1)=-1;  L(k,k)=1;
                P(k)=0;
            end
        end
    end
    uu(:,kk)=L\P;
end
%图示计算结果
for k=1:length(t)
    u_new(:,:,k)=reshape(uu(:,k),Ny+1,Nx+1);
    surf(x,y,u_new(:,:,k));
    colorbar;
    title(['t=',num2str((k-1)*dt)]);
    xlabel('x');
    ylabel('y');
    zlabel('u(x,y,t)');
    drawnow;
    pause(0.1);
end
```

利用上述程序计算并图示 $t=0$，0.05，0.2，1.0 时的 Chebyshev 谱方法近似解，如图 4.6 所示。热量从中央的高温部分流向四周的低温部分，因为热量只能通过边界 $x=1$ 传递到外界，而其他 3 个绝热边界处都积累了热量，所以温度普遍比边界 $x=1$ 处高。若时间 t 足够长，各处温度将趋于 0。

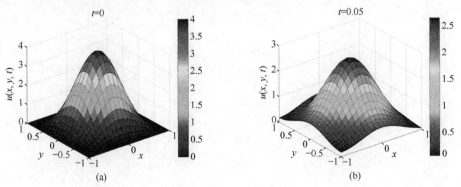

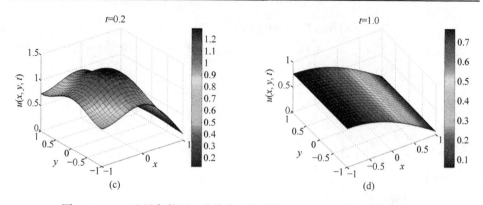

图 4.6　Robin 边界条件下二维热传导方程的 Chebyshev 谱方法计算结果

第 5 章　波动方程的 Chebyshev 谱方法

波动方程是最典型的一类双曲型方程，它可以用来描述自然界以及工程技术中的波动现象。本章主要讨论 Chebyshev 谱方法求解波动方程的初边值问题，涉及求导矩阵的建立和三类边界条件的处理。

5.1　一维波动方程

5.1.1　Dirichlet 边界问题

1. 齐次 Dirichlet 边界条件

在齐次 Dirichlet 边界条件下，我们考虑如下一维波动方程的定解问题：

$$\begin{cases} \dfrac{\partial u}{\partial t} = \lambda^2 \dfrac{\partial^2 u}{\partial x^2}, & -1 < x < 1, 0 < t < T \\ u(-1,t) = 0, \quad u(1,t) = 0, & t \geqslant 0 \\ u(x,0) = \varphi_1(x), \quad \dfrac{\partial u(x,0)}{\partial t} = \varphi_2(x), & -1 \leqslant x \leqslant 1 \end{cases} \tag{5.1}$$

其中，λ^2 为正常数。

首先，需要将横轴上的区间[-1, 1]离散化为向量 $\boldsymbol{x} = (x_0, x_1, \cdots, x_N)^{\mathrm{T}}$，相应地，$u(x)$ 被离散化为向量 $\boldsymbol{u} = (u_0, u_1, \cdots, u_N)^{\mathrm{T}}$。按 3.1.1 小节的方法，我们可得到齐次 Dirichlet 边界条件下修正的 Chebyshev 求导矩阵；同时，需要对 $\dfrac{\partial^2 u}{\partial t^2}$ 进行二阶差商近似处理。于是可得

$$\frac{\boldsymbol{u}^{k+1} - 2\boldsymbol{u}^k + \boldsymbol{u}^{k-1}}{\Delta t^2} = \lambda^2 \tilde{\boldsymbol{D}}_N^2 \boldsymbol{u}^{k+1} \tag{5.2}$$

整理后，得

$$\left(\frac{\boldsymbol{I}}{\Delta t^2} - \lambda^2 \tilde{\boldsymbol{D}}_N^2 \right) \boldsymbol{u}^{k+1} = \frac{2}{\Delta t^2} \boldsymbol{u}^k - \frac{1}{\Delta t^2} \boldsymbol{u}^{k-1} \tag{5.3}$$

当 $\boldsymbol{u}^{k-1}$、$\boldsymbol{u}^k$ 已知时，求解线性方程组(5.3)即可求出 $\boldsymbol{u}^{k+1}$。因此，代入初始

条件和边界条件，求解线性方程组即可得不同时刻各节点 u 。需要说明的是，这里的差分格式为隐式差分。

由于 $\boldsymbol{D}_N$ 的表达式是在区间 $[-1, 1]$ 上得到的，若求解区间 $[a, b]$ 上齐次 Dirichlet 边界条件下的一维波动方程，需要先作相应的坐标变换。

例 5.1　程序实现下列齐次 Dirichlet 边界条件下一维波动方程的 Chebyshev 谱方法近似解：

$$\begin{cases} \dfrac{\partial^2 u}{\partial t^2} = \dfrac{\partial^2 u}{\partial x^2}, & 0 < x < 1, t > 0 \\ u(0,t) = 0, \ \ u(1,t) = 0 \\ u(x,0) = \sin(\pi x), \ \ \dfrac{\partial u(x,0)}{\partial t} = 0 \end{cases}$$

解　利用分离变量法可得该定解问题的解析解为

$$u(x,t) = \cos(\pi t)\sin(\pi x)$$

取 $N = 30$ ，下面给出利用 Chebyshev 谱方法计算的 Matlab 程序代码：

```
%Chebyshev 谱方法计算齐次 Dirichlet 边界条件下的一维波动方程
clear all;
dt=0.01;
t=0:dt:2;
a=0;
b=1;
N=30;
[D,xi]=cheb(N);
D=D/((b-a)/2);
x=(a+b)/2+xi*(b-a)/2;
D2=D^2;
D2=D2(2:N,2:N);
u(:,1)=sin(pi*x);              %初始位移
u(:,2)=sin(pi*x)+dt*0;         %初始速度
u(1,:)=0;u(N+1,:)=0;           %边界条件
for i=3:length(t)
    I=eye(N-1);
    L=I/dt/dt-D2;
    P=(2/dt/dt)*u(2:N,i-1)-(1/dt/dt)*u(2:N,i-2);
```

```
    u(2:N,i)=L\P;
end
%解析解表示
for k=1:length(t)
    for i=1:length(x)
        u_true(i,k)=cos(pi*t(k))*sin(pi*x(i));
    end
end
%图示计算结果
subplot(131)
surfc(x,t,u');
colorbar;
title('近似解');
shading flat;
xlabel('x');
ylabel('t');
zlabel('u(x,t)');
subplot(132)
surfc(x,t,u_true');
colorbar;
title('解析解');
shading flat;
xlabel('x');
ylabel('t');
zlabel('u(x,t)');
subplot(133)
surfc(x,t,abs(u'-u_true'));
colorbar;
title('绝对误差');
shading flat;
xlabel('x');
ylabel('t');
zlabel('u(x,t)');
```

程序执行结果如图 5.1 所示，Chebyshev 谱方法近似解与解析解一致。

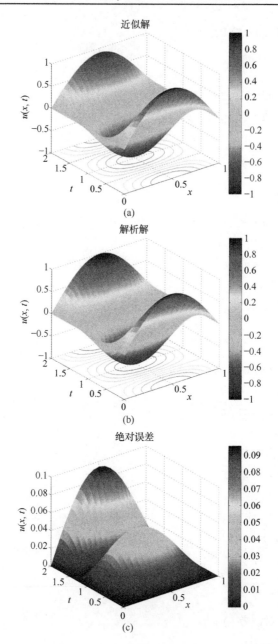

图 5.1　齐次 Dirichlet 边界条件下一维波动方程的 Chebyshev 谱方法计算结果

2. 非齐次 Dirichlet 边界条件

在非齐次 Dirichlet 边界条件下，我们考虑如下一维波动方程的定解问题：

$$\begin{cases} \dfrac{\partial u}{\partial t} = \lambda^2 \dfrac{\partial^2 u}{\partial x^2}, & -1 < x < 1, 0 < t < T \\[3mm] u(-1,t) = g_1(t), \quad u(1,t) = g_2(t), & t \geqslant 0 \\[3mm] u(x,0) = \varphi_1(x), \quad \dfrac{\partial u(x,0)}{\partial t} = \varphi_2(x), & -1 \leqslant x \leqslant 1 \end{cases} \qquad (5.4)$$

其中，λ^2 为正常数。

　　求解非齐次 Dirichlet 边界条件下的一维波动方程的定解问题，其非齐次 Dirichlet 边界的处理方法与一维泊松方程边值问题中的边界处理相同。为了计算不同时刻各节点的 u，根据式(5.3)可以令

$$L = \frac{I}{\Delta t^2} - \lambda^2 D_N^2 \qquad (5.5)$$

$$P = \frac{2}{\Delta t^2} u^k - \frac{1}{\Delta t^2} u^{k-1} \qquad (5.6)$$

　　对于非齐次的 Dirichlet 边界条件，可以采用强加边界的方式。首先，将矩阵 L 的首尾行分别修改为 1 0 0 … 0 和 0 … 0 0 1，得到修正的矩阵 $\hat{L}$；然后，强加边界处的值到线性方程组的右端向量。这样，求解定解问题(5.4)的线性方程组可以写成

$$\hat{L} u^{k+1} = \hat{P} \qquad (5.7)$$

　　当 u^{k-1}、u^k 已知时，求解线性方程组(5.7)即可求出 u^{k+1}。同时，由于 D_N 的表达式是在区间[-1, 1]上得到的，若求解区间[a, b]上非齐次 Dirichlet 边界条件下的一维波动方程，需要先作相应的坐标变换。

　　例 5.2　程序实现下列非齐次 Dirichlet 边界条件下一维波动方程的 Chebyshev 谱方法近似解：

$$\begin{cases} \dfrac{\partial^2 u}{\partial t^2} = \dfrac{\partial^2 u}{\partial x^2}, & 0 < x < 1, t > 0 \\[3mm] u(0,t) = 1, \quad u(1,t) = 1 \\[3mm] u(x,0) = \sin(\pi x) + 1, \quad \dfrac{\partial u(x,0)}{\partial t} = 0 \end{cases}$$

　　解　利用分离变量法可得该定解问题的解析解为

$$u(x,t) = \cos(\pi t)\sin(\pi x) + 1$$

取 $N = 30$，下面给出利用 Chebyshev 谱方法计算的 Matlab 程序代码：

```
%Chebyshev 谱方法计算非齐次 Dirichlet 边界条件下的一维波动方程
clear all;
dt=0.01;
```

```
t=0:dt:2;
a=0;
b=1;
N=30;
[D,xi]=cheb(N);
D=D/((b-a)/2);
x=(a+b)/2+xi*(b-a)/2;
D2=D^2;
u(:,1)=sin(pi*x)+1;              %初始位移
u(:,2)=sin(pi*x)+1+dt*0;         %初始速度
for i=3:length(t)
    I=eye(N+1);
    L=I/dt/dt-D2;
    L(1,:)=0;   L(1,1)=1;
    L(N+1,:)=0;L(N+1,N+1)=1;
    P=(2/dt/dt)*u(:,i-1)-(1/dt/dt)*u(:,i-2);
    P(1)=1;P(N+1)=1;
    u(:,i)=L\P;
end
%图示计算结果
surfc(x,t,u');
colorbar;
shading flat;
xlabel('x');
ylabel('t');
zlabel('u(x,t)');
```

程序执行结果如图 5.2 所示。

5.1.2 Neumann 边界问题

在 Neumann 边界条件下，我们考虑如下一维波动方程的定解问题：

$$
\begin{cases}
\dfrac{\partial^2 u}{\partial t^2} = \lambda^2 \dfrac{\partial^2 u}{\partial x^2}, & -1 < x < 1, 0 < t < T \\[2mm]
\dfrac{\partial u}{\partial x}\Big|_{x=-1} = g_1(t), \quad \dfrac{\partial u}{\partial x}\Big|_{x=1} = g_2(t), & t \geqslant 0 \\[2mm]
u(x,0) = \varphi_1(x), \quad \dfrac{\partial u(x,0)}{\partial t} = \varphi_2(x), & -1 \leqslant x \leqslant 1
\end{cases}
\tag{5.8}
$$

其中，λ^2 为正常数。

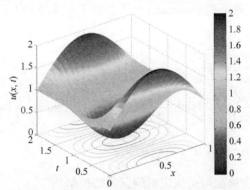

图 5.2　非齐次 Dirichlet 边界条件下一维波动方程的 Chebyshev 谱方法计算结果

利用 Chebyshev 谱方法求解该定解问题，首先，需要将横轴上的区间[−1,1]离散化为向量 $\boldsymbol{x}=\left(x_0,x_1,\cdots,x_N\right)^{\mathrm{T}}$，相应地，$u(x)$ 被离散化为向量 $\boldsymbol{u}=\left(u_0,u_1,\cdots,u_N\right)^{\mathrm{T}}$；然后，对 $\dfrac{\partial^2 \boldsymbol{u}}{\partial t^2}$ 进行二阶差商近似处理。这时，式(5.8)的偏微分方程可以改写成

$$\frac{\boldsymbol{u}^{k+1}-2\boldsymbol{u}^k+\boldsymbol{u}^{k-1}}{\Delta t^2}=\lambda^2\boldsymbol{D}_N^2\boldsymbol{u}^{k+1} \tag{5.9}$$

整理后，得

$$\left(\frac{\boldsymbol{I}}{\Delta t^2}-\lambda^2\boldsymbol{D}_N^2\right)\boldsymbol{u}^{k+1}=\frac{2}{\Delta t^2}\boldsymbol{u}^k-\frac{1}{\Delta t^2}\boldsymbol{u}^{k-1} \tag{5.10}$$

由于波动方程定解问题(5.8)的边界条件包含了导数，我们可以采用差分法近似处理。在点 $\left(x_0,t_{k+1}\right)$ 处利用向前差商逼近 $\dfrac{\partial u}{\partial x}$，而在点 $\left(x_{N+1},t_{k+1}\right)$ 处利用向后差商来逼近 $\dfrac{\partial u}{\partial x}$，这样我们得出式(5.8)的边界条件处理表达式：

$$\begin{cases}\dfrac{u_1^{k+1}-u_0^{k+1}}{\Delta x_1}=g_1\left(t_{k+1}\right)\\[3mm]\dfrac{u_{N+1}^{k+1}-u_N^{k+1}}{\Delta x_N}=g_2\left(t_{k+1}\right)\end{cases} \tag{5.11}$$

容易看出，这样边界条件处理是一阶精度的。

当 $\boldsymbol{u}^{k-1}$、$\boldsymbol{u}^k$ 已知时(即初始条件)，结合处理后的边界条件(5.11)，求解线性方程组(5.10)即可求出 $\boldsymbol{u}^{k+1}$。

由于 $\boldsymbol{D}_N$ 的表达式是在区间[−1, 1]上得到的，若求解区间[a, b]上 Neumann 边

界条件下的一维波动方程，需要先作相应的坐标变换。

例 5.3　程序实现下列 Neumann 边界条件下一维波动方程的 Chebyshev 谱方法近似解：

$$\begin{cases} \dfrac{\partial^2 u}{\partial t^2} = \dfrac{1}{4}\dfrac{\partial^2 u}{\partial x^2}, & 0 < x < 1, t > 0 \\[2mm] \left.\dfrac{\partial u}{\partial x}\right|_{x=0} = 2\sinh\left(\dfrac{t}{2}\right)+1, & \left.\dfrac{\partial u}{\partial x}\right|_{x=1} = 2\mathrm{e}\sinh\left(\dfrac{t}{2}\right)+1 \\[2mm] u(x,0) = x, & \dfrac{\partial u(x,0)}{\partial t} = \mathrm{e}^x \end{cases}$$

解　利用分离变量法可得该定解问题的解析解为

$$u(x,t) = 2\mathrm{e}^x \sinh\left(\frac{t}{2}\right) + x$$

取 $N = 30$，下面给出利用 Chebyshev 谱方法计算的 Matlab 程序代码：

```
%Chebyshev 谱方法计算 Neumann 边界条件下的一维波动方程
clear all;
dt=0.01;
t=0:dt:1;
a=0;
b=1;
N=30;
[D,xi]=cheb(N);
D=D/((b-a)/2);
D2=D^2;
x=(a+b)/2+xi*(b-a)/2;
u(:,1)=x;                 %初始位移
u(:,2)=x+dt*exp(x);       %初始速度
I=eye(N+1);
L=I/dt/dt-D2/4;
L(1,:)=0;    L(1,1)=-1;    L(1,2)=1;
L(N+1,:)=0; L(N+1,N)=-1; L(N+1,N+1)=1;
for i=3:length(t)
    P=(2/dt/dt)*u(:,i-1)-(1/dt/dt)*u(:,i-2);
    P(1)=(x(2)-x(1))*(2*sinh(t(i)/2)+1);
    P(end)=(x(N+1)-x(N))*(2*exp(1)*sinh(t(i)/2)+1);
```

```
        u(:,i)=L\P;
end
%解析解表示
for k=1:length(t)
    for i=1:length(x)
        u_true(i,k)=2*exp(x(i))*sinh(t(k)/2)+x(i);
    end
end
%图示计算结果
subplot(131)
surfc(x,t,u');
colorbar;
shading flat;
title('近似解');
xlabel('x');
ylabel('t');
zlabel('u(x,t)');
subplot(132)
surfc(x,t,u_true');
colorbar;
shading flat;
title('解析解');
xlabel('x');
ylabel('t');
zlabel('u(x,t)');
subplot(133)
surfc(x,t,abs(u'-u_true'));
colorbar;
shading flat;
title('绝对误差');
xlabel('x');
ylabel('t');
zlabel('u(x,t)');
```

程序执行结果如图 5.3 所示，Chebyshev 谱方法近似解与解析解一致。

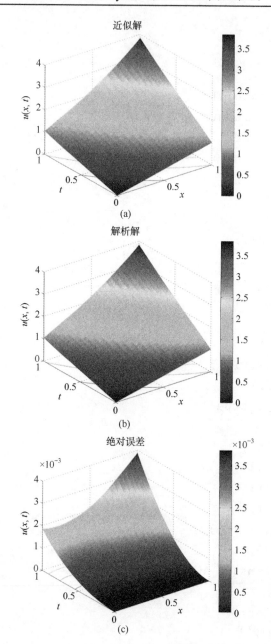

图 5.3　Neumann 边界条件下一维波动方程的 Chebyshev 谱方法计算结果

5.1.3　Robin 边界问题

在 Robin 边界条件下，我们考虑如下一维波动方程的定解问题：

$$\begin{cases} \dfrac{\partial^2 u}{\partial t^2} = \lambda^2 \dfrac{\partial^2 u}{\partial x^2}, & -1 < x < 1, 0 < t < T \\[2mm] \left(\dfrac{\partial u}{\partial x} + k_1 u\right)\bigg|_{x=-1} = g_1(t), \quad \left(\dfrac{\partial u}{\partial x} + k_2 u\right)\bigg|_{x=1} = g_2(t), & t \geqslant 0 \\[2mm] u(x,0) = \varphi_1(x), \quad \dfrac{\partial u(x,0)}{\partial t} = \varphi_2(x), & -1 \leqslant x \leqslant 1 \end{cases} \tag{5.12}$$

其中，λ、k_1 和 k_2 为常数。

由于定解问题(5.12)的边界条件包含了导数，我们可以采用差分法近似处理。在点 (x_0, t_{k+1}) 处利用向前差商逼近 $\dfrac{\partial u}{\partial x}$，而在点 (x_{N+1}, t_{k+1}) 处利用向后差商来逼近 $\dfrac{\partial u}{\partial x}$，这样我们得出式(5.12)的边界条件处理表达式

$$\begin{cases} \dfrac{u_1^{k+1} - u_0^{k+1}}{\Delta x_1} + k_1 u_0^{k+1} = g_1(t_{k+1}) \\[2mm] \dfrac{u_{N+1}^{k+1} - u_N^{k+1}}{\Delta x_N} + k_2 u_{N+1}^{k+1} = g_2(t_{k+1}) \end{cases} \tag{5.13}$$

容易看出，这样边界条件处理是一阶精度的。

当 u^{k-1}、u^k 已知时，结合处理后的边界条件(5.13)，通过求解线性方程组 $\left(\dfrac{I}{\Delta t^2} - \lambda^2 D_N^2\right) u^{k+1} = \dfrac{2}{\Delta t^2} u^k - \dfrac{1}{\Delta t^2} u^{k-1}$ 即可求出 u^{k+1}。

例 5.4　程序实现下列 Robin 边界条件下一维波动方程的 Chebyshev 谱方法近似解：

$$\begin{cases} \dfrac{\partial^2 u}{\partial t^2} = \dfrac{\partial^2 u}{\partial x^2}, & 0 < x < 1, t > 0 \\[2mm] \left(\dfrac{\partial u}{\partial x} - u\right)\bigg|_{x=0} = 0, \quad \left(\dfrac{\partial u}{\partial x} + u\right)\bigg|_{x=1} = 0 \\[2mm] u(x,0) = \sin(\pi x), \quad \dfrac{\partial u(x,0)}{\partial t} = 0 \end{cases}$$

解　取 $N = 30$，下面给出利用 Chebyshev 谱方法计算的 Matlab 程序代码：

```
%Chebyshev 谱方法计算 Robin 边界条件下的一维波动方程
clear all;
dt=0.001;
t=0:dt:2;
a=0;
```

```
b=1;
N=30;
[D,xi]=cheb(N);
D=D/((b-a)/2);
x=(a+b)/2+xi*(b-a)/2;
D2=D^2;
u(:,1)=sin(pi*x);            %初始位移
u(:,2)=sin(pi*x)+dt*0;       %初始速度
for i=3:length(t)
    I=eye(N+1);
    L=I/dt/dt-D2;
    L(1,:)=0;   L(1,1)=-1-1.0*(x(2)-x(1));   L(1,2)=1;
    L(N+1,:)=0;L(N+1,N)=-1;L(N+1,N+1)=1+1.0*(x(N+1)-
    x(N));
    P=(2/dt/dt)*u(:,i-1)-(1/dt/dt)*u(:,i-2);
    P(1)=1;P(N+1)=1;
    u(:,i)=L\P;
end
%图示计算结果
surfc(x,t,u');
colorbar;
shading flat;
xlabel('x');
ylabel('t');
zlabel('u(x,t)');
```

程序输出结果如图 5.4 所示。

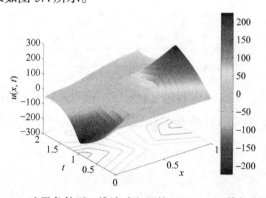

图 5.4　Robin 边界条件下一维波动方程的 Chebyshev 谱方法计算结果

5.2　二维波动方程

对于二维波动方程的定解问题，我们考虑如下 Dirichlet 边界问题条件的定解问题：

$$\begin{cases} \dfrac{\partial^2 u}{\partial t^2} = \lambda^2 \left(\dfrac{\partial^2 u}{\partial x^2} + \dfrac{\partial^2 u}{\partial y^2} \right), & -1 < x < 1, -1 < y < 1, t > 0 \\[2mm] u(-1, y, t) = g_1(y, t), \quad u(1, y, t) = g_2(y, t), & -1 \leqslant y \leqslant 1, t \geqslant 0 \\[2mm] u(x, -1, t) = h_1(x, t), \quad u(x, 1, t) = h_2(x, t), & -1 \leqslant x \leqslant 1, t \geqslant 0 \\[2mm] u(x, y, 0) = f_1(x, y), & -1 \leqslant x \leqslant 1, -1 \leqslant y \leqslant 1 \\[2mm] \dfrac{\partial}{\partial y} u(x, y, 0) = f_2(x, y), & -1 \leqslant x \leqslant 1, -1 \leqslant y \leqslant 1 \end{cases} \tag{5.14}$$

其中，λ^2 为正常数。

首先，需要将横轴上的区间[-1,1]离散化为向量 $\boldsymbol{x} = (x_0, x_1, \cdots, x_N)^{\mathrm{T}}$，再将纵轴上的区间[-1,1]离散化为向量 $\boldsymbol{y} = (y_0, y_1, \cdots, y_M)^{\mathrm{T}}$。若某时刻的 $\boldsymbol{u}^k$ 按坐标纵轴 y 方向排序为一维数组，则拉普拉斯算符可写为

$$\Delta = \frac{\partial^2}{\partial x^2} + \frac{\partial^2}{\partial y^2} \rightarrow \boldsymbol{L} = \boldsymbol{I}_{N+1} \otimes \boldsymbol{D}_M^2 + \boldsymbol{D}_N^2 \otimes \boldsymbol{I}_{M+1} \tag{5.15}$$

若再对 $\dfrac{\partial^2 \boldsymbol{u}}{\partial t^2}$ 进行二阶差商近似处理。这时，式(5.14)的偏微分方程可以改写成

$$\frac{\boldsymbol{u}^{k+1} - 2\boldsymbol{u}^k + \boldsymbol{u}^{k-1}}{\Delta t^2} = \lambda^2 \left(\boldsymbol{I}_{N+1} \otimes \boldsymbol{D}_M^2 + \boldsymbol{D}_N^2 \otimes \boldsymbol{I}_{M+1} \right) \boldsymbol{u}^{k+1} \tag{5.16}$$

整理后，得

$$\left[\frac{\boldsymbol{I}}{\Delta t^2} - \lambda^2 \left(\boldsymbol{I}_{N+1} \otimes \boldsymbol{D}_M^2 + \boldsymbol{D}_N^2 \otimes \boldsymbol{I}_{M+1} \right) \right] \boldsymbol{u}^{k+1} = \frac{2}{\Delta t^2} \boldsymbol{u}^k - \frac{1}{\Delta t^2} \boldsymbol{u}^{k-1} \tag{5.17}$$

当 $\boldsymbol{u}^{k-1}$、$\boldsymbol{u}^k$ 已知时，求解线性方程组(5.17)即可求出 $\boldsymbol{u}^{k+1}$。同时，由于 $\boldsymbol{D}_N$ 和 $\boldsymbol{D}_M$ 的表达式是在区间[-1, 1]上得到的，若求解区间 $[a,b] \times [c,d]$ 上的二维波动方程，同样需要先作相应的坐标变换。

例 5.5　程序实现下列 Dirichlet 边界条件下二维波动方程的 Chebyshev 谱方法近似解：

$$\begin{cases} \dfrac{\partial^2 u}{\partial t^2} = \dfrac{1}{2}\left(\dfrac{\partial^2 u}{\partial x^2} + \dfrac{\partial^2 u}{\partial y^2} \right), & 0 < x < 1, 0 < y < 1, t > 0 \\[2mm] u(0,y,t) = u(1,y,t) = 0 \\[2mm] u(x,0,t) = u(x,1,t) = 0 \\[2mm] u(x,y,0) = \sin(\pi x)\sin(\pi y) \\[2mm] \dfrac{\partial}{\partial t}u(x,y,0) = 0 \end{cases}$$

解　(1) 利用分离变量法可得该定解问题的解析解为

$$u(x,y,t) = \sin(\pi x)\sin(\pi y)\cos(\pi t)$$

取 $0 \leqslant t \leqslant 2$，图示解析解的 Matlab 程序代码如下：

```
clear all;
dx=0.05;
dy=0.05;
dt=0.01;
x=0:dx:1;
y=0:dy:1;
t=0:dt:2;
[X,Y]=meshgrid(x,y);
u=zeros(size(y,2),size(x,2),size(t,2));
for k=1:size(t,2)
    u(:,:,k)=sin(pi*X).*sin(pi*Y)*cos(pi*t(k));
    %图示解析解
    surf(x,y,u(:,:,k));
    colorbar;
    title(['解析解: t=', num2str((k-1)*dt)]);
    set(gca,'XLim',[0 1]);
    set(gca,'YLim',[0 1]);
    set(gca,'ZLim',[-1 1]);
    xlabel('x');
    ylabel('y');
    zlabel('u(x,y,t)');
    drawnow;
    pause(0.1);
```

```
end
```

(2) Chebyshev 谱方法近似解。取 $N = M = 30$，Matlab 程序代码如下：

```
%Chebyshev 谱方法计算齐次 Dirichlet 边界条件下的二维波动方程
clear all;
dt=0.001;
t=0:dt:2;
a=0;b=1;
c=0;d=1;
Nx=30;
[Dx,xi]=cheb(Nx);
Dx=Dx/((b-a)/2);
Ny=30;
[Dy,eta]=cheb(Ny);
Dy=Dy/((d-c)/2);
x=(a+b)/2+xi*(b-a)/2;
y=(c+d)/2+eta*(d-c)/2;
%初始条件
for i=1:length(y)
    for j=1:length(x)
        u(i,j,1)=sin(pi*x(j))*sin(pi*y(i));
        u(i,j,2)=sin(pi*x(j))*sin(pi*y(i))+0*dt;
    end
end
uu(:,1)=reshape(u(2:Ny,2:Nx,1),(Ny-1)*(Nx-1),1);
uu(:,2)=reshape(u(2:Ny,2:Nx,2),(Ny-1)*(Nx-1),1);
%构造 Chebyshev 求导矩阵
Dx2=Dx^2; Dx2=Dx2(2:Nx,2:Nx); I1=eye(Ny-1);
Lx=kron(Dx2,I1);
Dy2=Dy^2; Dy2=Dy2(2:Ny,2:Ny); I2=eye(Nx-1);
Ly=kron(I2,Dy2);
Lxy=Lx+Ly;
%求解线性方程组
for k=3:length(t)
    I=eye((Nx-1)*(Ny-1));
```

```
      L=I/dt/dt-Lxy/2;
      P=(2/dt/dt)*uu(:,k-1)-(1/dt/dt)*uu(:,k-2);
      uu(:,k)=L\P;
    end
    for k=1:length(t)
      u_new(:,:,k)=zeros(Ny+1,Nx+1);
      u_new(2:Ny,2:Nx,k)=reshape(uu(:,k),Ny-1,Nx-1);
      %图示计算结果
      surf(x,y,u_new(:,:,k));
      colorbar;
      title(['近似解: t=',num2str((k-1)*dt)]);
      set(gca,'XLim',[0 1]);
      set(gca,'YLim',[0 1]);
      set(gca,'ZLim',[-1 1]);
      xlabel('x');
      ylabel('y');
      zlabel('u');
      drawnow;
      pause(0.1);
    end
```

利用上述程序计算并图示 t=0.2, 0.4, 0.6, 0.8, 1.0, 1.2, 1.4, 1.6, 1.8 和 2.0 时的 Chebyshev 谱方法近似解和解析解, 如图 5.5 所示。从图上可以看出: Chebyshev 谱方法的近似解与解析解吻合得很好。

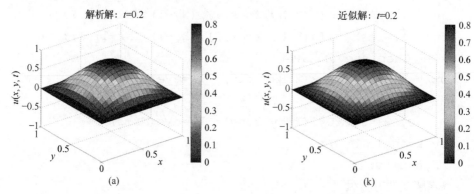

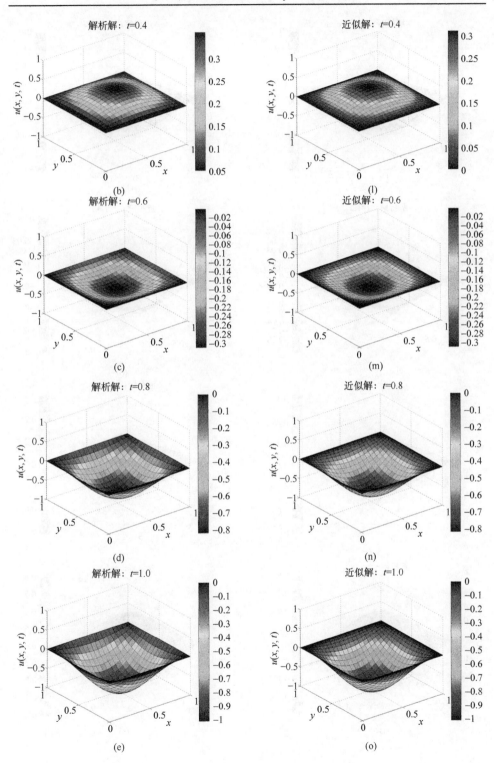

解析解：t=0.4

近似解：t=0.4

(b)

(l)

解析解：t=0.6

近似解：t=0.6

(c)

(m)

解析解：t=0.8

近似解：t=0.8

(d)

(n)

解析解：t=1.0

近似解：t=1.0

(e)

(o)

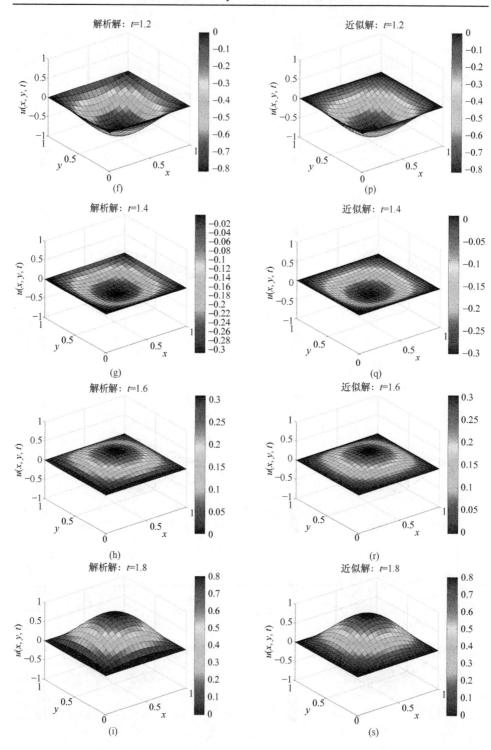

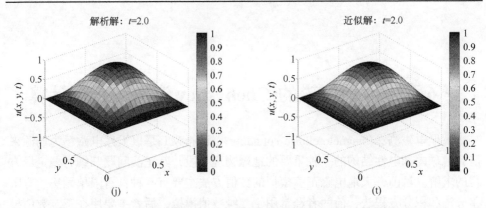

图 5.5　齐次 Dirichlet 边界条件下二维波动方程的 Chebyshev 谱方法计算结果
(a)~(j)理论解析解；(k)~(t)Chebyshev 谱方法近似解

第6章　大地电磁的 Chebyshev 谱方法正演计算

大地电磁测深(magnetotelluric sounding，简称 MT)是以天然电磁场为场源来研究地球内部电性结构的一种重要的地球物理手段，其正演问题归结为稳定场方程的求解。目前，大地电磁正演模拟的数值方法主要有 3 种：有限单元法、有限差分法和积分方程法，前两者经常用于二维数值模拟，后者主要用在三维数值模拟，而大地电磁的 Chebyshev 谱方法正演模拟未见文献报道。

本章利用 Chebyshev 谱方法计算大地电磁响应，详细推导 Chebyshev 谱方法的正演算法，并编写 Matlab 计算程序。

6.1　大地电磁正演基本理论

6.1.1　谐变场的 Maxwell 方程组

Maxwell 方程组是电磁场必须遵从的微分方程组，含有以下四个方程，分别反映了四条基本的物理定律：

$$\nabla \times \boldsymbol{E} = -\frac{\partial \boldsymbol{B}}{\partial t} \qquad \text{(法拉第定律)} \tag{6.1}$$

$$\nabla \times \boldsymbol{H} = \boldsymbol{j} + \frac{\partial \boldsymbol{D}}{\partial t} \qquad \text{(安培定律)} \tag{6.2}$$

$$\nabla \cdot \boldsymbol{B} = 0 \qquad \text{(磁通量连续性原理)} \tag{6.3}$$

$$\nabla \cdot \boldsymbol{D} = \rho_0 \qquad \text{(库仑定律)} \tag{6.4}$$

其中，$\boldsymbol{E}$ 为电场强度(V/ m)；$\boldsymbol{B}$ 为磁感应强度或磁通密度(Wb/ m^2)；$\boldsymbol{D}$ 为电感应强度或电位移(C/ m^2)；$\boldsymbol{H}$ 为磁场强度(A/ m)；$\boldsymbol{j}$ 为电流密度(A/ m^2)；ρ_0 为自由电荷密度(C/ m^3)。

假设地球模型为各向同性介质，则电磁场的基本量可通过物性参数 ε 和 μ 联系起来，它们的关系是

$$\boldsymbol{D} = \varepsilon \boldsymbol{E} \tag{6.5}$$

$$\boldsymbol{B} = \mu \boldsymbol{H} \tag{6.6}$$

$$\boldsymbol{j} = \sigma \boldsymbol{E} \tag{6.7}$$

其中，σ 为介质的电导率(电阻率的倒数)(S/m)；ε 和 μ 分别为介质的介电常数和磁导率，取 $\varepsilon = 8.85 \times 10^{-12}\ \text{F/m}$ 和 $\mu = 4\pi \times 10^{-7}\ \text{H/m}$。

在实用单位制下，如令初始状态时介质内不带电荷，采用式(6.1)～式(6.4)所示的介质方程组后，各向同性介质的 Maxwell 方程组可变为

$$\nabla \times \boldsymbol{E} = -\mu \frac{\partial \boldsymbol{H}}{\partial t} \tag{6.8}$$

$$\nabla \times \boldsymbol{H} = \sigma \boldsymbol{E} + \varepsilon \frac{\partial \boldsymbol{E}}{\partial t} \tag{6.9}$$

$$\nabla \cdot \boldsymbol{H} = 0 \tag{6.10}$$

$$\nabla \cdot \boldsymbol{E} = 0 \tag{6.11}$$

利用 Fourier 变换可将任意随时间变化的电磁场分解为一系列谐变场的组合，取时间域中的谐变因子为 $\mathrm{e}^{-\mathrm{i}\omega t}$，电场强度和磁场强度可分别表示为

$$\boldsymbol{E} = \boldsymbol{E}_0\, \mathrm{e}^{-\mathrm{i}\omega t} \tag{6.12}$$

$$\boldsymbol{H} = \boldsymbol{H}_0\, \mathrm{e}^{-\mathrm{i}\omega t} \tag{6.13}$$

在大地电磁勘探中，考虑到应用的观测频率范围一般为 $10^{-4} \sim 10^3\ \text{Hz}$，构成地壳浅部介质的电导率一般取为 $0.001 \sim 1\ \text{S/m}$，估算位移电流与传导电流的最大比值 $\dfrac{\omega\varepsilon}{\sigma} \approx 5 \times 10^{-3}$。故在大地介质中可忽略位移电流对场分布的影响，即大地电磁正演研究的是似稳电磁场问题。

于是，谐变场的 Maxwell 方程组表示为

$$\nabla \times \boldsymbol{E} = \mathrm{i}\mu\omega \boldsymbol{H} \tag{6.14}$$

$$\nabla \times \boldsymbol{H} = \sigma \boldsymbol{E} \tag{6.15}$$

$$\nabla \cdot \boldsymbol{E} = 0 \tag{6.16}$$

$$\nabla \cdot \boldsymbol{H} = 0 \tag{6.17}$$

式(6.14)～式(6.17)是大地电磁正演问题研究的出发点。

6.1.2　一维模型的大地电磁场

在笛卡儿坐标系中，令 z 轴垂直向下，x 轴、y 轴在地表水平面内，我们把谐变场 Maxwell 方程组的式(6.14)和式(6.15)展开成分量形式：

$$\nabla \times \boldsymbol{E} = \mathrm{i}\mu\omega \boldsymbol{H}$$

$$\frac{\partial E_z}{\partial y} - \frac{\partial E_y}{\partial z} = \mathrm{i}\omega\mu H_x \tag{6.18}$$

$$\frac{\partial E_x}{\partial z} - \frac{\partial E_z}{\partial x} = \mathrm{i}\omega\mu H_y \tag{6.19}$$

$$\frac{\partial E_y}{\partial x} - \frac{\partial E_x}{\partial y} = \mathrm{i}\omega\mu H_z \tag{6.20}$$

$$\nabla \times \boldsymbol{H} = \sigma \boldsymbol{E}$$

$$\frac{\partial H_z}{\partial y} - \frac{\partial H_y}{\partial z} = \sigma E_x \tag{6.21}$$

$$\frac{\partial H_x}{\partial z} - \frac{\partial H_z}{\partial x} = \sigma E_y \tag{6.22}$$

$$\frac{\partial H_y}{\partial x} - \frac{\partial H_x}{\partial y} = \sigma E_z \tag{6.23}$$

当平面电磁波垂直入射于均匀各向同性大地介质中时，其电磁场沿水平方向上是均匀的，即

$$\frac{\partial \boldsymbol{E}}{\partial x} = \frac{\partial \boldsymbol{E}}{\partial y} = 0 , \quad \frac{\partial \boldsymbol{H}}{\partial x} = \frac{\partial \boldsymbol{H}}{\partial y} = 0$$

将它们代入式(6.18)~式(6.23)中，有

$$-\frac{\partial E_y}{\partial z} = \mathrm{i}\omega\mu H_x \tag{6.24}$$

$$\frac{\partial E_x}{\partial z} = \mathrm{i}\omega\mu H_y \tag{6.25}$$

$$H_z = 0 \tag{6.26}$$

$$-\frac{\partial H_y}{\partial z} = \sigma E_x \tag{6.27}$$

$$\frac{\partial H_x}{\partial z} = \sigma E_y \tag{6.28}$$

$$E_z = 0 \tag{6.29}$$

由式(6.24)~式(6.29)可以看出：电场分量 E_x 只和 H_y 有关，磁场分量 H_x 只和 E_y 有关，它们都沿 z 轴传播。设在 yz 坐标平面内考虑问题，即设真空中波前与 x 轴平行，这时的平面电磁波可以分解成电场仅有水平分量的 $E_{//}$ 极化方式或横电(TE)波型和磁场仅有水平分量的 $H_{//}$ 极化方式或横磁(TM)波型。

TE 波型(E_x-H_y):

$$\begin{cases} \dfrac{\partial^2 E_x}{\partial z^2} + \mathrm{i}\omega\mu\sigma E_x = 0 \\ H_y = \dfrac{1}{\mathrm{i}\omega\mu}\dfrac{\partial E_x}{\partial z} \end{cases} \tag{6.30}$$

或

$$\begin{cases} \dfrac{\partial}{\partial z}\left(\dfrac{1}{\sigma}\dfrac{\partial H_y}{\partial z}\right)+\mathrm{i}\omega\mu H_y=0 \\ E_x=-\dfrac{1}{\sigma}\dfrac{\partial H_y}{\partial z} \end{cases} \tag{6.31}$$

TM 波型(H_x-E_y)：

$$\begin{cases} \dfrac{\partial^2 E_y}{\partial z^2}+\mathrm{i}\omega\mu\sigma E_y=0 \\ H_x=-\dfrac{1}{\mathrm{i}\omega\mu}\dfrac{\partial E_y}{\partial z} \end{cases} \tag{6.32}$$

或

$$\begin{cases} \dfrac{\partial}{\partial z}\left(\dfrac{1}{\sigma}\dfrac{\partial H_x}{\partial z}\right)+\mathrm{i}\omega\mu H_x=0 \\ E_y=\dfrac{1}{\sigma}\dfrac{\partial H_x}{\partial z} \end{cases} \tag{6.33}$$

同时，两组极化波中均无场的垂直分量，即 $E_z=H_z=0$。

下面，我们以 TE 极化波来讨论电磁场在均匀半空间的衰减变化情况。令 $k=\sqrt{-\mathrm{i}\omega\mu\sigma}$，根据 TE 极化波方程(6.30)有

$$\frac{\partial^2 E_x}{\partial z^2}-k^2 E_x=0$$

这是一个二阶常微分方程，它的一般解为

$$E_x=A\mathrm{e}^{-kz}+B\mathrm{e}^{kz}$$

其中，A 和 B 为边界条件确定的积分常数。

在均匀半空间的无穷远处，即 $z\to+\infty$ 时，应有 $E_x=0$，进而要求 $B=0$，因此有

$$E_x=A\mathrm{e}^{-kz}$$

同时，考虑到电场在空气中不衰减，若取地表的电场强度值为 E_x^0，即 $z=0$ 时，

$$A=E_x^0$$

因此，在深度 z 处时，均匀半空间的电场强度可写成

$$E_x=E_x^0\mathrm{e}^{-kz} \tag{6.34}$$

取均匀半空间的电导率为 0.1 S/m，计算频率为 10 Hz 和 1 Hz 时的电场强度，Matlab 程序代码如下：

```
%均匀半空间电场衰减情况
mu=4e-7*pi;
S=0.1;
fre=10;
%fre=1;
Omega=2*pi*fre;
k=sqrt(-sqrt(-1)*Omega*mu*S);
z=0:10:10000;
Ex=exp(-k*z);
plot(real(Ex),-z/1000,'r');
hold on
plot(imag(Ex),-z/1000,'--');
xlabel('E_x/E^0_x');
ylabel('深度/km');
legend('实部值','虚部值');
```

图 6.1 给出了电导率为 0.1 S/m 的均匀半空间中电场随频率衰减变化的情况，即高频波衰减得快、低频波衰减得慢。

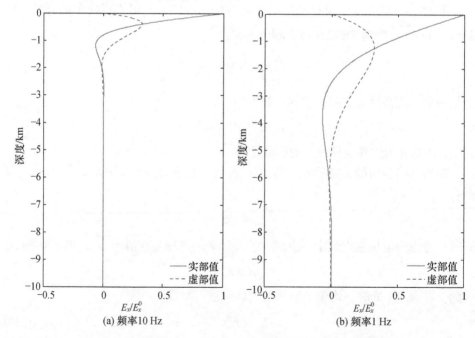

(a) 频率 10 Hz   (b) 频率 1 Hz

图 6.1 电导率为 0.1 S/m 的均匀半空间中电场随频率衰减情况

6.1.3　二维模型的大地电磁场

对于有明显走向的倾斜岩层、背斜、向斜等地质构造，取走向为 x 轴, y 轴与 x 轴垂直，水平向右(即倾向方向)，z 轴垂直向下，介质模型的电性参数沿 y 轴和 z 轴都发生变化，而沿走向 x 轴的电性参数不发生变化，即 $\partial \boldsymbol{E}/\partial x = 0$ 和 $\partial \boldsymbol{H}/\partial x = 0$。当平面电磁波以任何角度入射地面时，地下介质的电磁波总以平面波形式，几乎垂直地面向下传播。我们把电性参数沿两个方向变化的介质模型称为二维介质。

将谐变场 Maxwell 方程组的式(6.14)和式(6.15)展开后得到

$$\boldsymbol{i}\left(\frac{\partial E_z}{\partial y} - \frac{\partial E_y}{\partial z}\right) + \boldsymbol{j}\left(\frac{\partial E_x}{\partial z} - \frac{\partial E_z}{\partial x}\right) + \boldsymbol{k}\left(\frac{\partial E_y}{\partial x} - \frac{\partial E_x}{\partial y}\right)$$
$$= \mathrm{i}\mu\omega\left(\boldsymbol{i}H_x + \boldsymbol{j}H_y + \boldsymbol{k}H_z\right) \tag{6.35}$$

及

$$\boldsymbol{i}\left(\frac{\partial H_z}{\partial y} - \frac{\partial H_y}{\partial z}\right) + \boldsymbol{j}\left(\frac{\partial H_x}{\partial z} - \frac{\partial H_z}{\partial x}\right) + \boldsymbol{k}\left(\frac{\partial H_y}{\partial x} - \frac{\partial H_x}{\partial y}\right)$$
$$= \sigma\left(\boldsymbol{i}E_x + \boldsymbol{j}E_y + \boldsymbol{k}E_z\right) \tag{6.36}$$

式中，$\boldsymbol{i}$、$\boldsymbol{j}$、$\boldsymbol{k}$ 表示单位矢量。

式(6.35)与式(6.36)中对应的矢量分量应相等，同时注意到凡是对 x 的偏导数皆为零，于是有

$$\frac{\partial E_z}{\partial y} - \frac{\partial E_y}{\partial z} = \mathrm{i}\omega\mu H_x$$

$$\frac{\partial E_x}{\partial z} = \mathrm{i}\omega\mu H_y$$

$$\frac{\partial E_x}{\partial y} = -\mathrm{i}\omega\mu H_z$$

$$\frac{\partial H_z}{\partial y} - \frac{\partial H_y}{\partial z} = \sigma E_x$$

$$\frac{\partial H_x}{\partial z} = \sigma E_y$$

$$\frac{\partial H_x}{\partial y} = -\sigma E_z$$

从上面各式可以看出，相应电磁场分量分为两组，其中一组包括场分量 E_x、H_y、H_z，另一组包括 H_x、E_y、E_z。两组电磁场分量彼此独立，我们分

别称它们为 TE 极化模式和 TM 极化模式。

TE 极化模式：

$$\begin{cases} \dfrac{\partial H_z}{\partial y} - \dfrac{\partial H_y}{\partial z} = \sigma E_x \\[3mm] H_y = \dfrac{1}{\mathrm{i}\omega\mu} \dfrac{\partial E_x}{\partial z} \\[3mm] H_z = -\dfrac{1}{\mathrm{i}\omega\mu} \dfrac{\partial E_x}{\partial y} \end{cases} \tag{6.37}$$

TM 极化模式：

$$\begin{cases} \dfrac{\partial E_z}{\partial y} - \dfrac{\partial E_y}{\partial z} = \mathrm{i}\omega\mu H_x \\[3mm] E_y = \dfrac{1}{\sigma} \dfrac{\partial H_x}{\partial z} \\[3mm] E_z = -\dfrac{1}{\sigma} \dfrac{\partial H_x}{\partial y} \end{cases} \tag{6.38}$$

若选取坐标系方向与构造主轴方向一致，电磁场能分成独立的两组波型，这一点具有很重要的意义，因为：①在求二维模型条件下大地电磁场问题的解析解和近似解时，Maxwell 偏微分方程组的求解问题可化成标量函数的二阶偏微分方程的求解问题，这给推导及计算带来很大方便；②类似于一维模型时的情况，任一水平坐标轴的电场分量只和与其垂直的水平磁场分量有关，而和与其平行的水平磁场分量无关。

6.2　一维模型大地电磁响应的 Chebyshev 谱方法

6.2.1　正演算法推导

在一维大地介质中，根据式(6.30)可得 TE 极化波下电场所满足的微分方程为

$$\frac{\partial^2 E_x}{\partial z^2} + \mathrm{i}\omega\mu\sigma(z)E_x = 0 \tag{6.39}$$

式中，σ 为介质的电导率 (S/m)；μ 为介质的磁导率，其值取为 $4\pi\times10^{-7}$ H/m。

利用 Chebyshev 谱方法求解，首先需要将空间变量离散化为向量 $z = \left(z_0, z_1, \cdots, z_N\right)^{\mathrm{T}}$，相应地，$E_x(z)$ 被离散化为向量 $\boldsymbol{E} = \left(E_0, E_1, \cdots, E_N\right)^{\mathrm{T}}$，$\sigma(z)$ 被离散化为向量 $\boldsymbol{\sigma} = \left(\sigma_0, \sigma_1, \cdots, \sigma_N\right)^{\mathrm{T}}$。于是，根据 Chebyshev 求导矩阵可得

$$\frac{\partial \boldsymbol{E}}{\partial z} = \boldsymbol{D}_N \boldsymbol{E} \tag{6.40}$$

$$\frac{\partial^2 E}{\partial z^2} = D_N^2 E \tag{6.41}$$

因此，电场所满足的微分方程转换为代数方程形式：

$$D_N^2 E + i\omega\mu \begin{pmatrix} \sigma_0 & & & \\ & \sigma_1 & & \\ & & \ddots & \\ & & & \sigma_N \end{pmatrix} E = \begin{pmatrix} 0 \\ 0 \\ \vdots \\ 0 \end{pmatrix} \tag{6.42}$$

令

$$\hat{D} = D_N^2 + i\omega\mu \begin{pmatrix} \sigma_0 & & & \\ & \sigma_1 & & \\ & & \ddots & \\ & & & \sigma_N \end{pmatrix}$$

这时，式(6.32)可以写成

$$\hat{D} \cdot E = 0 \tag{6.43}$$

根据上边界条件：电场在空气中不衰减，取 $E_0 = 1$，则有

$$\begin{bmatrix} 1 & 0 & 0 & \cdots & 0 & 0 \\ & & \hat{D}(2:N+1,:) & & & \end{bmatrix} \cdot \begin{pmatrix} E_0 \\ E_1 \\ \vdots \\ E_N \end{pmatrix} = \begin{pmatrix} 1 \\ 0 \\ \vdots \\ 0 \end{pmatrix} \tag{6.44}$$

若 $z = z_N$ 处以下为均匀半空间，根据式(6.34)可知电磁波将按负指数衰减，即 $E_x = E_x^* e^{-\sqrt{-i\omega\mu\sigma_N} z}$，这里 E_x^* 是常数。对 E_x 求导，将得到 Robin 边界条件：

$$\frac{\partial E_x}{\partial z} + \sqrt{-i\omega\mu\sigma_N} E_x = 0 \tag{6.45}$$

这时，下边界条件可以写成

$$\hat{D}_N(N+1,:) = D_N(N+1,:) + \sqrt{-i\omega\mu\sigma_N} I(N+1,:)$$

于是有

$$\begin{bmatrix} 1 & 0 & 0 & \cdots & 0 & 0 \\ & & \hat{D}(2:N,:) & & & \\ D_N(N+1,:) + \sqrt{-i\omega\mu\sigma_N} I(N+1,:) & & & & \end{bmatrix} \cdot \begin{pmatrix} E_0 \\ E_1 \\ \vdots \\ E_N \end{pmatrix} = \begin{pmatrix} 1 \\ 0 \\ \vdots \\ 0 \end{pmatrix} \tag{6.46}$$

　　这时，方程组(6.46)含有 $N+1$ 个方程以及 $N+1$ 个未知数，该线性方程组的系数矩阵具有稠密形式，如图 6.2 所示。求解式(6.46)即可得到节点处的电场值，从而可以进一步计算模型的视电阻率和相位。

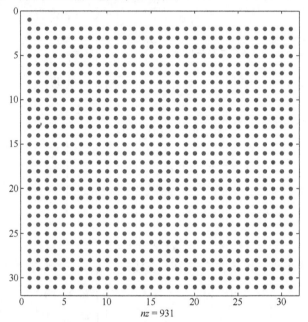

$nz = 931$

图 6.2　一维大地电磁 Chebyshev 谱方法计算形成的系数矩阵

　　当计算出各节点的 E_x 值后，再利用数值方法求出场值沿垂向的偏导数 $\dfrac{\partial E_x}{\partial z}$，代入下式便可计算视电阻率和相位：

$$
\begin{cases}
Z_{1D} = \dfrac{E_x}{\dfrac{1}{i\omega\mu}\dfrac{\partial E_x}{\partial z}} \\[4mm]
\rho_a = \dfrac{1}{\omega\mu}\left|Z_{1D}\right|^2 \\[4mm]
phase = \arctan\dfrac{\mathrm{Im}\left[Z_{1D}\right]}{\mathrm{Re}\left[Z_{1D}\right]}
\end{cases}
\tag{6.47}
$$

6.2.2　程序设计与结果验证

　　根据 6.2.1 小节推导的算法，下面我们给出用 Chebyshev 谱方法计算一维大地电磁响应的 Matlab 程序代码，主程序如下：

```
function [Ex,rho_a,phase]=MT1D_spectral(Length,S)
```

```
%输入参数
%Length: 计算区域的深度
%S:   电导率
%输出参数
%Ex: 电场
%rho_a: 视电阻率
%phase: 相位
mu=4e-7*pi;
a=0;
b=Length;
N=length(S)-1;
fre=logspace(-3,3,40);
for i=1:length(fre)
    [D,xi]=cheb(N);
    D=D/((b-a)/2);
    D2=D^2;
    Omega=2*pi*fre(i);
    D2=D2+sqrt(-1)*Omega*mu*diag(S);
    %上边界条件
    D2(1,:)=0;
    D2(1,1)=1;
    %下边界条件
    k=sqrt(-sqrt(-1)*Omega*mu*S(N+1));
    I=eye(N+1);
    D2(N+1,:)=D(N+1,:)+k*I(N+1,:);
    f=zeros(N-1,1);
    f=[1;f;0];
    Ex(:,i)=D2\f;
    x_new=(a+b)/2+xi*(b-a)/2;
    Ex_g=Ex(1,i);
    Hy_g=(Ex(2,i)-Ex(1,i))/(x_new(2)-x_new(1));
    Hy_g=Hy_g/(sqrt(-1)*mu*Omega);
    rho_a(i)=abs(Ex_g/Hy_g)^2/mu/Omega;
    phase(i)=-atan(imag(Ex_g/Hy_g)/real(Ex_g/Hy_g))*180/pi;
end
```

采用上述代码计算电导率为 0.1 S/m 的均匀半空间模型，取计算区域的长度为 4000 m，剖分网格分别取 $N=40$、$N=30$、$N=20$ 和 $N=10$。图 6.3 给出了频率为 10 Hz 时的电场解析解和近似解，这与图 6.1 所示的衰减规律一致。从图上可以看出，即使网格数目较小时，Chebyshev 谱方法模拟值与真实值仍然吻合得很好。

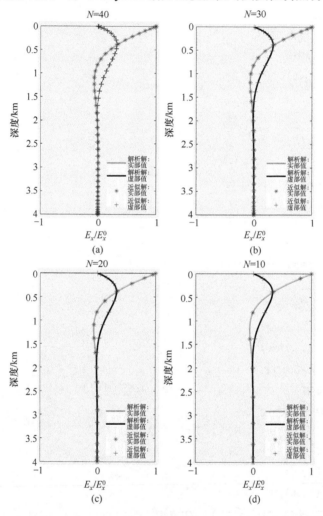

图 6.3 电导率为 0.1 S/m 均匀半空间中频率为 10 Hz 时的电场解析解和近似解

6.2.3 一维模型试算分析

选取二层 G 型地电模型，其模型参数为 $\sigma_1 = 0.1\,\text{S/m}$，$\sigma_2 = 0.01\,\text{S/m}$ 和 $h_1 = 1000\,\text{m}$，如图 6.4 所示。采用 Chebyshev 谱方法进行正演近似计算，剖分单元网格分别取 $N=100$、$N=50$ 和 $N=20$。

图 6.5 给出了 Chebyshev 谱方法计算 G 型地电模型所得的视电阻率和相位曲线(近似解)，与理论值(解析解)曲线吻合得较好。随着剖分单元个数的减少，Chebyshev 谱方法的计算精度会下降，主要体现为高频段的视电阻率值和相位值。通过模拟对比分析，建议取近地表第一个单元的间距 $\Delta z < \delta_{min}/20$ (这里的 δ_{min} 为最高频率值对应的趋肤深度)。

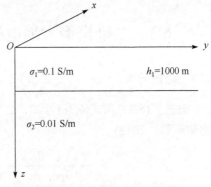

图 6.4　二层 G 型地电模型

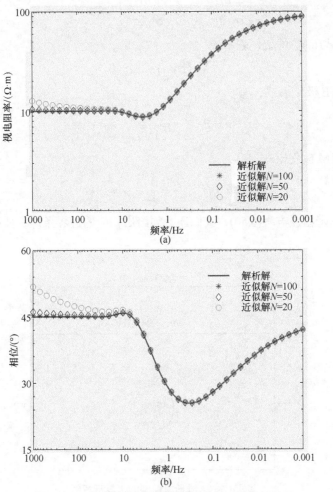

图 6.5　G 型地电模型 Chebyshev 谱方法计算结果

(a) 视电阻率；(b) 相位

6.3 二维模型大地电磁响应的 Chebyshev 谱方法

6.3.1 边值问题

根据式(6.37)和式(6.38)可知，二维地电模型中 E_x 和 H_x 满足的偏微分方程为(柳建新等，2012)

$$\frac{\partial}{\partial y}\left(\frac{1}{\mathrm{i}\omega\mu}\frac{\partial E_x}{\partial y}\right)+\frac{\partial}{\partial z}\left(\frac{1}{\mathrm{i}\omega\mu}\frac{\partial E_x}{\partial z}\right)+\sigma E_x=0 \tag{6.48}$$

$$\frac{\partial}{\partial y}\left(\frac{1}{\sigma}\frac{\partial H_x}{\partial y}\right)+\frac{\partial}{\partial z}\left(\frac{1}{\sigma}\frac{\partial H_x}{\partial z}\right)+\mathrm{i}\omega\mu H_x=0 \tag{6.49}$$

式(6.48)和式(6.49)可统一表示成

$$\nabla\cdot(\tau\nabla u)+\lambda u=0 \tag{6.50}$$

对于 TE 极化模式，有

$$u=E_x,\quad \tau=\frac{1}{\mathrm{i}\omega\mu},\quad \lambda=\sigma \tag{6.51}$$

对于 TM 极化模式，有

$$u=H_x,\quad \tau=\frac{1}{\sigma},\quad \lambda=\mathrm{i}\omega\mu \tag{6.52}$$

为了求解亥姆霍兹方程(6.50)，我们还必须给出相应的边界条件，如图 6.6 所示。

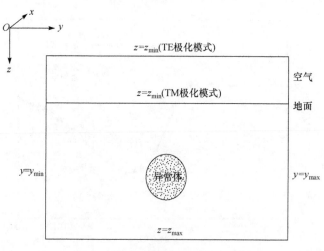

图 6.6 二维地电模型的边界示意图

1. TE 极化模式的外边界条件

(1) 上边界 $z = z_{\min}$ 离地面足够远，使异常场在 $z_{\min}$ 上为零，以该处的 u 为 1 单位

$$u\big|_{z=z_{\min}} = 1 \tag{6.53}$$

(2) 下边界 $z = z_{\max}$ 以下为均质岩石，局部不均匀体的异常场在 $z_{\max}$ 上为零，电磁波在 $z_{\max}$ 以下的传播方程为

$$u = u_0 e^{-kz} \tag{6.54}$$

其中，u_0 是常数；$k = \sqrt{-\mathrm{i}\omega\mu\sigma}$，$\sigma$ 是 $z_{\max}$ 以下岩石的电导率。

式(6.54)对 u 求偏导，即得 $z_{\max}$ 处的边界条件为

$$\left(\frac{\partial u}{\partial z} + ku\right)\bigg|_{z=z_{\max}} = 0 \tag{6.55}$$

(3) 取左右边界 $y = y_{\min}$、$y = y_{\max}$ 离局部不均匀体足够远，电磁场在 $y_{\min}$、$y_{\max}$ 上左右对称，其上的边界条件是

$$\frac{\partial u}{\partial y}\bigg|_{y=y_{\min}} = \frac{\partial u}{\partial y}\bigg|_{y=y_{\max}} = 0 \tag{6.56}$$

2. TM 极化模式的外边界条件

(1) 上边界 $z = z_{\min}$ 直接取在地面上，并以该处的 u 为 1 单位，则有

$$u\big|_{z=z_{\min}} = 1 \tag{6.57}$$

(2) 下边界 $z = z_{\max}$ 的边界条件，同 TE 极化模式。

(3) 左右边界 $y = y_{\min}$ 和 $y = y_{\max}$ 的边界条件，同 TE 极化模式。

6.3.2　Chebyshev 谱方法正演算法

将二维地电模型离散化，如图 6.7 所示。下面以求解 TM 极化模式的电磁场为例，详细推导 Chebyshev 谱方法正演算法。

为了计算二维亥姆霍兹方程(6.49)，首先需要空间变量离散化为向量 $\boldsymbol{y} = (y_0, y_1, \cdots, y_M)^{\mathrm{T}}$ 和 $\boldsymbol{z} = (z_0, z_1, \cdots, z_M)^{\mathrm{T}}$，相应地，$\rho(y, z)$ 被离散化为下列矩阵形式

$$\boldsymbol{\rho} = \begin{pmatrix} \rho_{00} & \rho_{01} & \cdots & \rho_{0N} \\ \rho_{10} & \rho_{11} & \cdots & \rho_{1N} \\ \vdots & \vdots & & \vdots \\ \rho_{M0} & \rho_{M1} & \cdots & \rho_{MN} \end{pmatrix} \tag{6.58}$$

为了计算 TM 极化模式亥姆霍兹方程中的偏微分项，需要将 $\boldsymbol{u}$ 按坐标 z 方向排序为一维数组，即

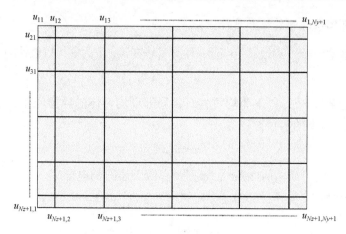

图 6.7　二维地电模型离散化

$$\boldsymbol{u} = \begin{pmatrix} u_1 = u_{1,1} \\ u_2 = u_{1,2} \\ \vdots \\ u_{(i-1)\times(Ny+1)+j} = u_{i,j} \\ \vdots \\ u_{Nz\times(Ny+1)+Ny} = u_{Nz+1,Ny} \\ u_{(Nz+1)\times(Ny+1)} = u_{Nz+1,Ny+1} \end{pmatrix} \tag{6.59}$$

同时，将电阻率参数 ρ (电导率的倒数)按坐标 z 方向排序为一维数组，并令

$$\boldsymbol{K} = \begin{pmatrix} \rho_{00} & \rho_{00} & \cdots & \rho_{00} \\ \rho_{10} & \rho_{10} & \cdots & \rho_{10} \\ \vdots & \vdots & & \vdots \\ \rho_{M0} & \rho_{M0} & \cdots & \rho_{M0} \\ \rho_{01} & \rho_{01} & \cdots & \rho_{01} \\ \rho_{11} & \rho_{11} & \cdots & \rho_{11} \\ \vdots & \vdots & & \vdots \\ \rho_{M1} & \rho_{M1} & \cdots & \rho_{M1} \\ \vdots & \vdots & & \vdots \\ \rho_{0N} & \rho_{0N} & \cdots & \rho_{0N} \\ \rho_{1N} & \rho_{1N} & \cdots & \rho_{1N} \\ \vdots & \vdots & & \vdots \\ \rho_{MN} & \rho_{MN} & \cdots & \rho_{MN} \end{pmatrix} \tag{6.60}$$

对于 $\dfrac{\partial}{\partial y}\left(\rho\dfrac{\partial \boldsymbol{u}}{\partial y}\right)$，根据 Chebyshev 求导矩阵可得

$$\rho\frac{\partial \boldsymbol{u}}{\partial y}=\boldsymbol{K}.*\begin{pmatrix}\boldsymbol{D}_M & & & \\ & \boldsymbol{D}_M & & \\ & & \ddots & \\ & & & \boldsymbol{D}_M\end{pmatrix}\cdot \boldsymbol{u} \tag{6.61}$$

$$\frac{\partial}{\partial y}\left(\rho\frac{\partial \boldsymbol{u}}{\partial y}\right)=\begin{pmatrix}\boldsymbol{D}_M & & & \\ & \boldsymbol{D}_M & & \\ & & \ddots & \\ & & & \boldsymbol{D}_M\end{pmatrix}\left[\boldsymbol{K}.*\begin{pmatrix}\boldsymbol{D}_M & & & \\ & \boldsymbol{D}_M & & \\ & & \ddots & \\ & & & \boldsymbol{D}_M\end{pmatrix}\right]\cdot \boldsymbol{u}$$

$$=\left(\boldsymbol{I}_{N+1}\otimes \boldsymbol{D}_M\right)\cdot\left[\boldsymbol{K}.*\left(\boldsymbol{I}_{N+1}\otimes \boldsymbol{D}_M\right)\right]\cdot \boldsymbol{u} \tag{6.62}$$

同理可得

$$\frac{\partial}{\partial z}\left(\rho\frac{\partial \boldsymbol{u}}{\partial z}\right)=\left(\boldsymbol{D}_N\otimes \boldsymbol{I}_{M+1}\right)\cdot\left[\boldsymbol{K}.*\left(\boldsymbol{D}_N\otimes \boldsymbol{I}_{M+1}\right)\right]\cdot \boldsymbol{u} \tag{6.63}$$

式中，'.*' 表示矩阵的点乘。

于是，二维亥姆霍兹方程(6.49)可以按 Chebyshev 求导矩阵写成

$$\left(\boldsymbol{I}_{N+1}\otimes \boldsymbol{D}_M\right)\cdot\left[\boldsymbol{K}.*\left(\boldsymbol{I}_{N+1}\otimes \boldsymbol{D}_M\right)\right]\cdot \boldsymbol{u}$$
$$+\left(\boldsymbol{D}_N\otimes \boldsymbol{I}_{M+1}\right)\cdot\left[\boldsymbol{K}.*\left(\boldsymbol{D}_N\otimes \boldsymbol{I}_{M+1}\right)\right]\cdot \boldsymbol{u}+\mathrm{i}\omega\mu\cdot \boldsymbol{u}=0 \tag{6.64}$$

上边界条件为

$$\boldsymbol{u}\big|_{z=z_{\min}}=1 \tag{6.65}$$

下边界条件写成代数方程形式有

$$\left(\frac{\partial u}{\partial z}+ku\right)\bigg|_{z=z_{\max}}=0\rightarrow\left(\boldsymbol{I}_{N+1}\otimes \boldsymbol{D}_M+k\boldsymbol{I}_{(N+1)(M+1)}\right)\boldsymbol{u}\big|_{z=z_{\max}}=0 \tag{6.66}$$

左、右边界条件写成代数方程形式有

$$\frac{\partial u}{\partial y}\bigg|_{y=y_{\min}}=0\rightarrow\left(\boldsymbol{I}_{N+1}\otimes \boldsymbol{D}_M\right)\boldsymbol{u}\big|_{y=y_{\min}}=0 \tag{6.67}$$

$$\frac{\partial u}{\partial y}\bigg|_{y=y_{\max}}=0\rightarrow\left(\boldsymbol{I}_{N+1}\otimes \boldsymbol{D}_M\right)\boldsymbol{u}\big|_{y=y_{\max}}=0 \tag{6.68}$$

加入 4 个边界条件，我们将得到含有 $(N+1)\times(M+1)$ 个方程以及 $(N+1)\times(M+1)$ 个未知数的线性方程组，其系数矩阵具有稠密形式，如图 6.8 所示。求解线性方程组即可得到各节点的磁场值，从而可以进一步计算模型的视电阻率和阻抗相位。

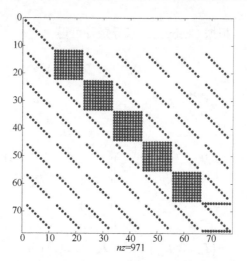

图 6.8　Chebyshev 谱方法计算二维大地电磁响应形成的系数矩阵

6.3.3　大地电磁响应计算

当计算出各单元中心的 u 值后，再利用数值方法求出场值沿垂向的偏导数 $\dfrac{\partial u}{\partial z}$，它相当于 $\dfrac{\partial E_x}{\partial z}$ 或 $\dfrac{\partial H_x}{\partial z}$，代入式(6.69)和式(6.70)便可计算视电阻率和阻抗相位。

对于 TE 极化模式，有

$$
\begin{cases}
Z_{\mathrm{TE}} = \dfrac{E_x}{\dfrac{1}{\mathrm{i}\omega\mu}\dfrac{\partial E_x}{\partial z}} \\[4mm]
\rho_a^{\mathrm{TE}} = \dfrac{1}{\omega\mu}\left|Z_{\mathrm{TE}}\right|^2 \\[4mm]
\varphi^{\mathrm{TE}} = \arctan\dfrac{\mathrm{Im}[Z_{\mathrm{TE}}]}{\mathrm{Re}[Z_{\mathrm{TE}}]}
\end{cases}
\tag{6.69}
$$

对于 TM 极化模式，有

$$
\begin{cases}
Z_{\mathrm{TM}} = \dfrac{-\dfrac{1}{\sigma}\dfrac{\partial H_x}{\partial z}}{H_x} \\[4mm]
\rho_a^{\mathrm{TM}} = \dfrac{1}{\omega\mu}\left|Z_{\mathrm{TM}}\right|^2 \\[4mm]
\varphi^{\mathrm{TM}} = \arctan\dfrac{\mathrm{Im}[Z_{\mathrm{TM}}]}{\mathrm{Re}[Z_{\mathrm{TM}}]}
\end{cases}
\tag{6.70}
$$

6.3.4　程序设计

根据 6.2.1 小节推导的正演算法，下面我们给出 Chebyshev 谱方法计算 TM 极化模式下大地电磁响应的 Matlab 程序代码，主程序如下：

```
function [H_x,rho_a,phase]=MT2D_Spectral(Nx,Ny,a,b,c,d,rho)
%输入参数
%Nx:        横向单元数
%Ny:        纵向单元数
%a:         横向起点坐标
%b:         横向终点坐标
%c:         纵向起点坐标
%d:         纵向终点坐标
%rho：      电阻率(电导率的倒数)
%输出参数
%H_x:       磁场
%rho_a：    视电阻率
%phase：    阻抗相位
mu=4e-7*pi;
fre=logspace(-3,3,40);      %计算频点
Omega=2*pi*fre;
[Dx,xi]=cheb(Nx);
Dx=Dx/((b-a)/2);
[Dy,eta]=cheb(Ny);
Dy=Dy/((d-c)/2);
x=(a+b)/2+xi*(b-a)/2;
y=(c+d)/2+eta*(d-c)/2;
rho_new=reshape(rho,(Nx+1)*(Ny+1),1);
for i=1:(Nx+1)*(Ny+1)
    K(:,i)=rho_new;
end
K=sparse(K);
I1=eye(Ny+1);
Lx=kron(Dx,I1)*(K.*kron(Dx,I1));
Hx=kron(Dx,I1);
I2=eye(Nx+1);
```

```
Ly=kron(I2,Dy)*(K.*kron(I2,Dy));
Hy=kron(I2,Dy);
for nf=1:size(fre,2)
    I=eye((Nx+1)*(Ny+1));
    Lxy=Lx+Ly+sqrt(-1)*Omega(nf)*mu*I;
    for i=1:Ny+1
        for j=1:Nx+1
            s=(j-1)*(Ny+1)+i;
            R(s,1)=0;
            if(i==1)    %上边界条件
                Lxy(s,:)=0;
                Lxy(s,s)=1;
                R(s,1)=1;
            elseif(j==1||j==Nx+1)  %左、右边界条件
                Lxy(s,:)=Hx(s,:);
            elseif(i==Ny+1)  %下边界条件
                Lxy(s,:)=Hy(s,:)+sqrt(-sqrt(-1)*Omega
                (nf)*mu*(1/rho(i,j)))*I(s,:);
            end
        end
    end
    %线性方程组求解
    u(:,nf)=Lxy\R;
    %u=full(u);
    u_new(:,:,nf)=reshape(u(:,nf),Ny+1,Nx+1);
    %计算大地电磁响应
    u1(:,nf)=u_new(1,:,nf);
    u2(:,nf)=u_new(2,:,nf);
    for i=1:Nx+1
        ux(i,nf)=(u2(i,nf)-u1(i,nf))/(y(2)-y(1));
        Zyx(i,nf)=rho(1,i)*ux(i,nf)/u1(i,nf);
        rho_a(i,nf)=abs(Zyx(i,nf))^2/(2*pi*fre(nf)*mu);
        phase(i,nf)=-atan(imag(Zyx(i,nf))/real(Zyx(i,
        nf)))*180/pi;
    end
```

```
end
H_x=u_new;
```

6.3.5　正演结果验证

1. 均匀半空间模型

选取一个均匀半空间模型，电导率取为 0.1 S/m。采用 Chebyshev 谱方法计算 TM 极化模式的大地电磁响应，取计算区域的长度为 8 km、宽度为 4 km，横向剖分单元数 Ny=40，而纵向剖分单元数分别取 Nz=40、Nz=30、Nz=20 和 Nz=10。图 6.9 给出了频率为 10 Hz 时的磁场解析解和近似解，当网格数目较小时，Chebyshev 谱方法近似解与解析解仍然吻合得很好。

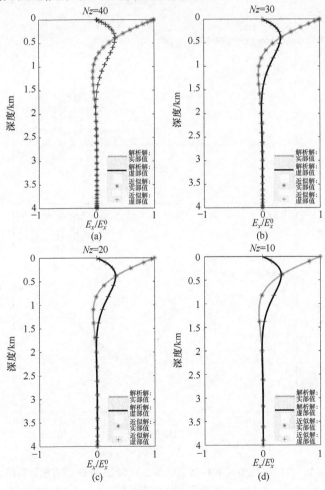

图 6.9　电导率为 0.1 S/m 均匀半空间中频率为 10 Hz 时的磁场解析解和近似解

2. 层状介质模型

选取二层 G 型地电模型，其模型参数为 $\sigma_1 = 0.1\,\text{S/m}$，$\sigma_2 = 0.01\,\text{S/m}$ 和 $h_1 = 1000\,\text{m}$，如图 6.4 所示。采用 Chebyshev 谱方法进行正演近似计算，横向网格单元取 $Ny = 40$，而纵向网格单元分别取 $Nz = 100$、$Nz = 50$ 和 $Nz = 20$。

图 6.10 给出了 Chebyshev 谱方法计算 TM 极化模式下 G 型地电模型所得的视电阻率和阻抗相位曲线，与理论值曲线吻合得较好，这进一步说明了正演算法

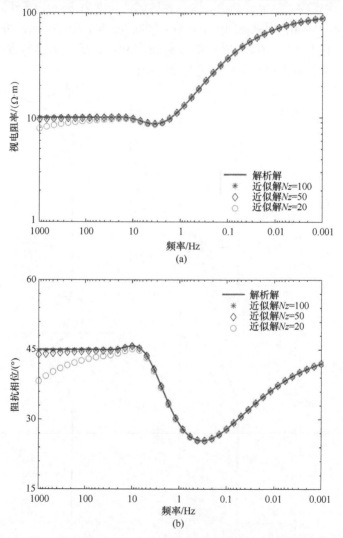

(a)

(b)

图 6.10   TM 极化模式下 G 型地电模型的 Chebyshev 谱方法计算结果

(a) 视电阻率；(b) 阻抗相位

的准确性。但随着纵向单元剖分间距的增加，Chebyshev 谱方法的计算精度会下降，主要体现为高频段的视电阻率值和阻抗相位值误差增大。通过模拟对比分析，建议取近地表第一个单元的间距 $\Delta z < \delta_{\min}/20$（这里的 $\delta_{\min}$ 为最高频率值对应的趋肤深度）。

6.3.6　典型二维模型试算

构造的二维地电模型如图 6.11 所示，在电导率为 0.01 S/m 的围岩中，存在电导率为 0.1 S/m 的高导异常体，异常体距离顶部 1000 m。采用 Chebyshev 谱方法计算 TM 极化模式的电磁响应，横向网格单元数与纵向网格单元数均取为 50。

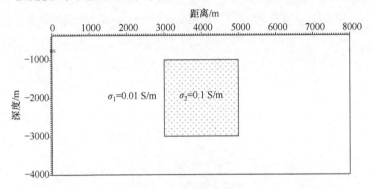

图 6.11　二维地电模型

模拟测点数为 20 个(点距：100 m)，采用 40 个记录频点(0.01～100 Hz)，该二维模型在 TM 极化模式下的 Chebyshev 谱方法计算结果如图 6.12 所示。从视电阻率拟断面图可以看出，高导体产生的异常直立无限向下延伸，异常响应的横向位置与实际模型一致。同时，阻抗相位拟断面图能更好地反映出异常体的分布位置，且能识别异常体为高导体。

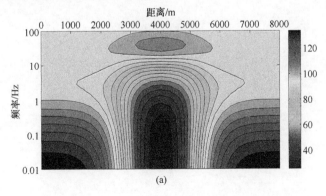

(a)

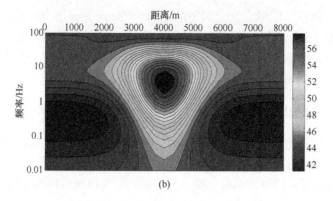

(b)

图 6.12　TM 极化模式下二维模型的 Chebyshev 谱方法计算结果

(a) 视电阻率；(b) 阻抗相位

第 7 章　地温场 Chebyshev 谱方法正演计算

了解和掌握地壳内部温度场的分布、热流值的变化和地温梯度的变化，不仅对地热理论研究是重要的，而且对地热能的开发和利用也有重要意义。地壳内部温度场的分布受着诸多因素的制约，地球深部热量不断向地表传导是形成地温场的决定因素。地壳内部各种岩石的热物理参数的差异，影响着地温场的分布形态。地壳浅部地下水分布很广，地下水易流动，且有大的热容量，地下水的运动形成热对流，这是影响地温场分布的另一个因素。在地壳中，岩浆侵入形成局部的高温异常，它与围岩进行热交换，构成非稳定的温度分布。地层中的反射性元素，是构成热源的主要因素。此外，地温场的分布还受到区域构造形态、地形起伏、沉积与侵蚀作用，以及地表温度变化等诸多因素的影响，因此，模拟地温场的分布是一项复杂的计算工作。

本章利用 Chebyshev 谱方法模拟地温场，详细推导常系数与变系数地温场方程的正演算法，并编写 Matlab 计算程序。

7.1　常系数与变系数地温场方程

一维地温场偏微分方程可以表示为(Gerya，2009)

$$\rho c_p \frac{\partial T}{\partial t} = \frac{\partial}{\partial x}\left(k\frac{\partial T}{\partial x}\right) \tag{7.1}$$

式中，ρ 是介质密度($\mathrm{kg/m^3}$)；c_p 是比热容[$\mathrm{J/(kg \cdot K)}$]；k 是热导率[$\mathrm{W/(m \cdot K)}$]；T 是温度(K)。这是一维变系数地温场方程。

若介质的热导率为一常数，式(7.1)可写成

$$\rho c_p \frac{\partial T}{\partial t} = k\frac{\partial^2 T}{\partial x^2} \tag{7.2}$$

这是一维常系数地温场方程。

同样，我们可得二维常系数与变系数地温场方程：

$$\rho c_p \frac{\partial T}{\partial t} = k\left(\frac{\partial^2 T}{\partial x^2} + \frac{\partial^2 T}{\partial y^2}\right) \tag{7.3}$$

$$\rho c_p \frac{\partial T}{\partial t} = \frac{\partial}{\partial x}\left(k\frac{\partial T}{\partial x}\right) + \frac{\partial}{\partial y}\left(k\frac{\partial T}{\partial y}\right) \tag{7.4}$$

7.2　一维地温场方程的 Chebyshev 谱方法计算

7.2.1　一维常系数地温场方程

对于一维常系数地温场方程的数值求解，首先，需要空间变量离散化为向量 $\boldsymbol{x} = (x_0, x_1, \cdots, x_N)^{\mathrm{T}}$，相应地，$T(x)$ 被离散化为向量 $\boldsymbol{T} = (T_0, T_1, \cdots, T_N)^{\mathrm{T}}$；其次，需要对 $\dfrac{\partial \boldsymbol{T}}{\partial t}$ 进行向后差分近似处理。于是，根据 Chebyshev 求导矩阵可得

$$\rho c_p \frac{\boldsymbol{T}^{n+1} - \boldsymbol{T}^n}{\Delta t} = k \cdot \boldsymbol{D}_N^2 \boldsymbol{T}^{n+1} \tag{7.5}$$

整理后，得

$$\left(\boldsymbol{I}_{N+1} - \frac{k\Delta t}{\rho c_p} \boldsymbol{D}_N^2 \right) \boldsymbol{T}^{n+1} = \boldsymbol{T}^n \tag{7.6}$$

当 $\boldsymbol{T}^n$ 已知时，求解线性方程组(7.6)即可求出 $\boldsymbol{T}^{n+1}$。因此，代入初始条件和边界条件，求解线性方程组即可得不同时刻各节点的温度分布。需要说明的是，这里的差分格式为隐式差分。

下面，我们利用 Chebyshev 谱方法计算一维常系数地温场模型。模型的介质密度 $\rho = 3000\,\text{kg/m}^3$，比热容 $c_p = 1000\,\text{J/(kg} \cdot \text{K)}$，热导率 $k = 3\,\text{W/(m} \cdot \text{K)}$，左、右边界均为 Dirichlet 边界条件，且边界处的温度为 1000 K，同时初始温度设置如图 7.1

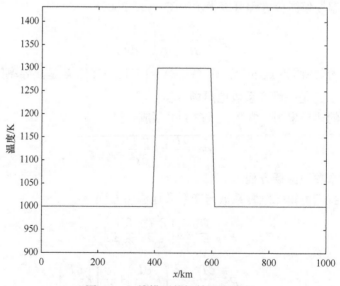

图 7.1　一维模型的初始温度分布

所示。数值计算的网格大小取为 N=100，时间间隔Δt=5 Ma。

Chebyshev 谱方法计算一维常系数地温场方程的 Matlab 代码如下：

```matlab
%Chebyshev 谱方法计算一维常系数地温场方程
clear all;
%模型参数
k=3;
cp=1000;
rho=3000;
rhocp=rho*cp;
kappa=k/rhocp;
a=0;
b=1000000;
xsize=b-a;
N=100;
[D,xi]=cheb(N);
D=D/((b-a)/2);
x=(a+b)/2+xi*(b-a)/2;
%设置时间间隔，单位：Ma
dt=5*(1e+6*365.25*24*3600);
tsum=300*(1e+6*365.25*24*3600);
t=0:dt:tsum;
%设置初始温度分布
T_back=1000;
T_wave=1300;
T=zeros(N,length(t));
%初始条件
for i=1:N+1
    T(i,1)=T_back;
    if(x(i)>xsize*0.4&&x(i)<xsize*0.6)
        T(i,1)=T_wave;
    end
end
%边界条件
for n=1:size(t,2)
    T(1,n)=T_back;
```

```
        T(N+1,n)=T_back;
    end
    %Chebyshev 谱方法计算
    D2=D^2;
    D2=(kappa*dt)*D2;
    L=eye(N+1)-D2;
    L(1,:)=0;    L(1,1)=1;
    L(N+1,:)=0;  L(N+1,N+1)=1;
    for n=2:length(t)
        T(:,n)=L\T(:,n-1);
        %图示计算结果
        plot(x/1000,T(:,n),'r');
        axis([0 xsize/1000 0.9*T_back 1.1*T_wave]);
        title(['数值解: t=',num2str(t(n)/(1e+6*365.25*24*
        3600)),'Ma']);
        xlabel('x(km)');
        ylabel('Temperature(K)');
        drawnow
        pause(0.1);
    end
```

利用上述一维常系数 Chebyshev 谱方法程序计算并图示 t=50 Ma，100 Ma，150 Ma，200 Ma，250 Ma 和 300 Ma 时一维均匀模型的地温场分布，如图 7.2 所示。

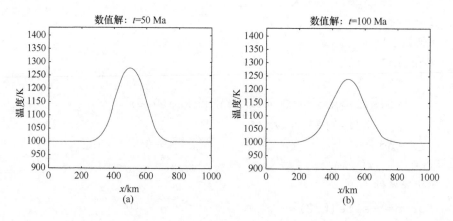

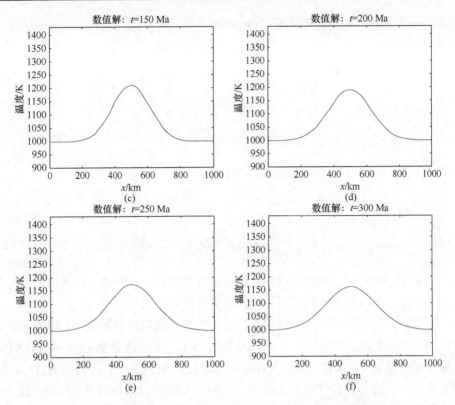

图 7.2　一维常系数地温场模型的 Chebyshev 谱方法数值计算结果

7.2.2　一维变系数地温场方程

对于一维变系数地温场方程，首先需要空间变量离散化为向量 $\boldsymbol{x} = (x_0, x_1, \cdots, x_N)^{\mathrm{T}}$，相应地，$k(x)$ 被离散化为向量 $\boldsymbol{k} = (k_0, k_1, \cdots, k_N)^{\mathrm{T}}$，$T(x)$ 被离散化为向量 $\boldsymbol{T} = (T_0, T_1, \cdots, T_N)^{\mathrm{T}}$。根据 Chebyshev 求导矩阵可得

$$k\frac{\partial \boldsymbol{T}}{\partial x} = \begin{pmatrix} k_0 & k_0 & \cdots & k_0 \\ k_1 & k_1 & \cdots & k_1 \\ \vdots & \vdots & & \vdots \\ k_N & k_N & \cdots & k_N \end{pmatrix} .* \boldsymbol{D}_N \boldsymbol{T}^{n+1} \tag{7.7}$$

式中，'.*'表示矩阵的点乘。

其次，需要对 $\dfrac{\partial \boldsymbol{T}}{\partial t}$ 进行向后差分近似处理，则有

$$\frac{\partial \boldsymbol{T}}{\partial t} = \frac{\boldsymbol{T}^{n+1} - \boldsymbol{T}^n}{\Delta t} \tag{7.8}$$

因此，一维变系数地温场方程按 Chebyshev 求导矩阵写成

$$\rho c_p \frac{T^{n+1} - T^n}{\Delta t} = D_N \left[\begin{pmatrix} k_0 & k_0 & \cdots & k_0 \\ k_1 & k_1 & \cdots & k_1 \\ \vdots & \vdots & & \vdots \\ k_N & k_N & \cdots & k_N \end{pmatrix} .* D_N \right] T^{n+1} \tag{7.9}$$

令 $K = \begin{pmatrix} k_0 & k_0 & \cdots & k_0 \\ k_1 & k_1 & \cdots & k_1 \\ \vdots & \vdots & & \vdots \\ k_N & k_N & \cdots & k_N \end{pmatrix}$，整理式(7.9)可得

$$\left[I_{N+1} - \frac{\Delta t}{\rho c_p} D_N (K .* D_N) \right] T^{n+1} = T^n \tag{7.10}$$

当 T^n 已知时，求解线性方程组(7.10)即可求出 T^{n+1}。因此，代入初始条件和边界条件，求解线性方程组即可得不同时刻各节点的温度分布。

下面，我们利用 Chebyshev 谱方法计算一维变系数地温场模型。模型的介质密度 $\rho = 3000\,\text{kg/m}^3$，比热容 $c_p = 1000\,\text{J/(kg·K)}$，背景热导率 $k = 3\,\text{W/(m·K)}$，热源位置的热导率 $k = 10\,\text{W/(m·K)}$（400～600 km 处），左、右边界均为 Dirichlet 边界条件，且边界处的温度为 1000 K，同时初始温度设置如图 7.1 所示。数值计算的网格大小取为 $N = 100$，时间间隔 $\Delta t = 5\,\text{Ma}$。

Chebyshev 谱方法计算一维变系数地温场方程的 Matlab 代码如下：

```
%Chebyshev 谱方法计算一维变系数地温场方程
clear all;
%模型参数
cp=1000;
rho=3000;
rhocp=rho*cp;
a=0;
b=1000000;
xsize=b-a;
N=100;
[D,xi]=cheb(N);
D=D/((b-a)/2);
x=(a+b)/2+xi*(b-a)/2;
for i=1:N+1
```

```
        k(i)=3;
        if(x(i)>xsize*0.4&&x(i)<xsize*0.6)
            k(i)=10;
        end
end
%设置时间间隔，单位：Ma
dt=5*(1e+6*365.25*24*3600);
tsum=300*(1e+6*365.25*24*3600);
t=0:dt:tsum;
%设置初始温度分布
T_back=1000;
T_wave=1300;
T=zeros(N,length(t));
%初始条件
for i=1:N+1
    T(i,1)=T_back;
    if(x(i)>xsize*0.4&&x(i)<xsize*0.6)
        T(i,1)=T_wave;
    end
end
%边界条件
for n=1:size(t,2)
    T(1,n)=T_back;
    T(N+1,n)=T_back;
end
%Chebyshev 谱方法计算
for j=1:length(k)
    D1(:,j)=k;
end
D_new=D1.*D;
D2=D*D_new;
D2=(dt/rhocp)*D2;
L=eye(N+1)-D2;
L(1,:)=0;    L(1,1)=1;
```

```
L(N+1,:)=0;  L(N+1,N+1)=1;
for n=2:length(t)
    T(:,n)=L\T(:,n-1);
    %图示计算结果
    plot(x/1000,T(:,n),'r');
    axis([0 xsize/1000 0.9*T_back 1.1*T_wave]);
    title(['数值解: t=',num2str(t(n)/(1e+6*365.25*24*
    3600)),'Ma']);
    xlabel('x(km)');
    ylabel('Temperature(K)');
    drawnow
    pause(0.1);
end
```

利用上述一维变系数 Chebyshev 谱方法程序计算并图示 t=50 Ma，100 Ma，150 Ma，200 Ma，250 Ma 和 300 Ma 时一维模型的地温场分布，如图 7.3 所示。

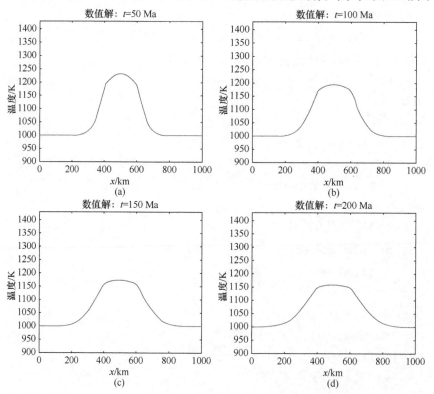

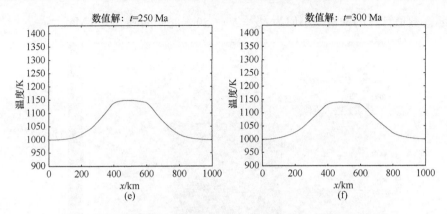

图 7.3　一维变系数地温场模型的 Chebyshev 谱方法数值计算结果

7.3　二维地温场方程的 Chebyshev 谱方法计算

7.3.1　二维常系数地温场方程

对于二维常系数地温场方程的数值求解，首先，需要将空间变量离散化为向量 $\boldsymbol{x} = \left(x_0, x_1, \cdots, x_N\right)^{\mathrm{T}}$ 和 $\boldsymbol{y} = \left(y_0, y_1, \cdots, y_M\right)^{\mathrm{T}}$。若某时刻的 $\boldsymbol{T}$ 按坐标纵轴 y 方向排序为一维数组，则拉普拉斯算符可写为

$$\Delta = \frac{\partial^2}{\partial x^2} + \frac{\partial^2}{\partial y^2} \rightarrow \boldsymbol{L} = \boldsymbol{I}_{N+1} \otimes \boldsymbol{D}_M^2 + \boldsymbol{D}_N^2 \otimes \boldsymbol{I}_{M+1} \tag{7.11}$$

其次，对 $\dfrac{\partial \boldsymbol{T}}{\partial t}$ 进行向后差分近似处理。这时，二维常系数地温场方程(7.3)可以按 Chebyshev 求导矩阵写成

$$\rho c_p \frac{\boldsymbol{T}^{n+1} - \boldsymbol{T}^n}{\Delta t} = k \cdot \left(\boldsymbol{I}_{N+1} \otimes \boldsymbol{D}_M^2 + \boldsymbol{D}_N^2 \otimes \boldsymbol{I}_{M+1}\right)\boldsymbol{T}^{n+1} \tag{7.12}$$

整理后，得

$$\left[\frac{1}{\Delta t}\boldsymbol{I}_{(N+1)\times(M+1)} - \frac{k}{\rho c_p} \cdot \left(\boldsymbol{I}_{N+1} \otimes \boldsymbol{D}_M^2 + \boldsymbol{D}_N^2 \otimes \boldsymbol{I}_{M+1}\right)\right]\boldsymbol{T}^{n+1} = \frac{1}{\Delta t}\boldsymbol{T}^n \tag{7.13}$$

当 $\boldsymbol{T}^n$ 已知时，求解线性方程组(7.13)即可求出 $\boldsymbol{T}^{n+1}$。因此，代入初始条件和边界条件，求解线性方程组即可得不同时刻各节点的温度分布。

下面，我们利用 Chebyshev 谱方法计算二维常系数地温场模型。模型的介质密度 $\rho = 3000\,\mathrm{kg/m^3}$，比热容 $c_p = 1000\,\mathrm{J/(kg \cdot K)}$，热导率 $k = 3\,\mathrm{W/(m \cdot K)}$，边界均为 Dirichlet 边界条件，且边界处的温度为 1000 K，同时初始温度设置如图 7.4

所示。数值计算的网格大小取为 $Nx = Ny = 50$ ，时间间隔 $\Delta t = 5\,\mathrm{Ma}$ 。

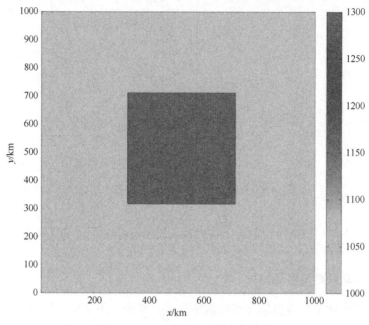

图 7.4　二维模型的初始温度分布

Chebyshev 谱方法计算二维常系数地温场方程的 Matlab 代码如下：

```
%Chebyshev 谱方法计算二维常系数地温场方程
clear all;
%模型参数设置
k=3;
cp=1000;
rho=3000;
rhocp=rho*cp;
kappa=k/rhocp;
a=0;b=1000000;
xsize=b-a;
c=0;d=1000000;
ysize=d-c;
Nx=50;
[Dx,xi]=cheb(Nx);
Dx=Dx/((b-a)/2);
Ny=50;
[Dy,eta]=cheb(Ny);
```

```
Dy=Dy/((d-c)/2);
x=(a+b)/2+xi*(b-a)/2;
y=(c+d)/2+eta*(d-c)/2;
%时间间隔设置，单位: Ma
dt=5*(1e+6*365.25*24*3600);
tsum=300*(1e+6*365.25*24*3600);
t=0:dt:tsum;
%设置初始温度分布
T_back=1000;
T_wave=1300;
T=zeros(Ny+1,Nx+1,length(t));
%初始条件
for i=1:Ny+1
    for j=1:Nx+1
        T(i,j,1)=T_back;
        if(y(i)>ysize*0.3&&y(i)<ysize*0.7&&x(j)>xsize*
        0.3&&x(j)<xsize*0.7)
            T(i,j,1)=T_wave;
        end
    end
end
TT(:,1)=reshape(T(:,:,1),(Ny+1)*(Nx+1),1);
%Chebyshev 谱方法计算
Dx2=Dx^2;
I1=eye(Ny+1);
Lx=kron(Dx2,I1);
Dy2=Dy^2;
I2=eye(Nx+1);
Ly=kron(I2,Dy2);
Lxy=Lx+Ly;
for n=2:size(t,2)
    L=eye((Nx+1)*(Ny+1))-kappa*dt*Lxy;
    for i=1:Ny+1
        for j=1:Nx+1
            s=(j-1)*(Ny+1)+i;
            if(i==1||i==Ny+1||j==1||j==Nx+1)
```

```
            L(s,:)=0;
            L(s,s)=1;
        end
    end
end
TT(:,n)=L\TT(:,n-1);
%加入边界条件
T(:,:,n)=reshape(TT(:,n),Ny+1,Nx+1);
T(1,:,n)=T_back;
T(Ny+1,:,n)=T_back;
T(:,1,n)=T_back;
T(:,Nx+1,n)=T_back;
%图示计算结果
imagesc(x/1000,y/1000,T(:,:,n));
colorbar;
title(['数值解: t=',num2str(t(n)/(1e+6*365.25*24*3600)),
'Ma']);
xlabel('x(km)');
ylabel('y(km)');
drawnow;
pause(0.1);
end
```

利用上述二维常系数 Chebyshev 谱方法程序计算并图示 t=50 Ma，100 Ma，150 Ma，200 Ma，250 Ma 和 300 Ma 时二维均匀模型的地温场分布，如图 7.5 所示。

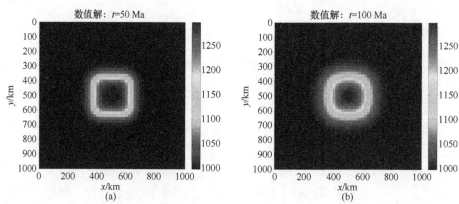

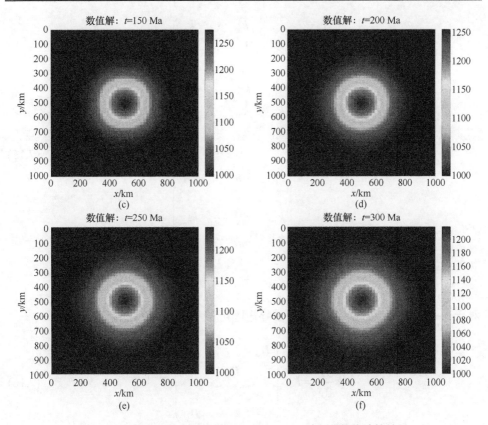

图 7.5　二维常系数地温场模型的 Chebyshev 谱方法数值计算结果

7.3.2　二维变系数地温场方程

对于二维变系数地温场方程，首先，需要空间变量离散化为向量 $\boldsymbol{x}=\left(x_0,x_1,\cdots,x_N\right)^{\mathrm{T}}$ 和 $\boldsymbol{y}=\left(y_0,y_1,\cdots,y_M\right)^{\mathrm{T}}$，相应地，$k(x)$ 被离散化为下列矩阵形式

$$\boldsymbol{k}=\begin{pmatrix} k_{00} & k_{01} & \cdots & k_{0N} \\ k_{10} & k_{11} & \cdots & k_{1N} \\ \vdots & \vdots & & \vdots \\ k_{M0} & k_{M1} & \cdots & k_{MN} \end{pmatrix} \tag{7.14}$$

为了计算变系数地温场方程中偏微分项，需要将某时刻的 $\boldsymbol{T}$ 按坐标纵轴 y 方向排序为一维数组。同时，将 $\boldsymbol{k}$ 按坐标纵轴 y 方向排序为一维数组，并令

$$K = \begin{pmatrix} k_{00} & k_{00} & \cdots & k_{00} \\ k_{10} & k_{10} & \cdots & k_{10} \\ \vdots & \vdots & & \vdots \\ k_{M0} & k_{M0} & \cdots & k_{M0} \\ k_{01} & k_{01} & \cdots & k_{01} \\ k_{11} & k_{11} & \cdots & k_{11} \\ \vdots & \vdots & & \vdots \\ k_{M1} & k_{M1} & \cdots & k_{M1} \\ \vdots & \vdots & & \vdots \\ k_{0N} & k_{0N} & \cdots & k_{0N} \\ k_{1N} & k_{1N} & \cdots & k_{1N} \\ \vdots & \vdots & & \vdots \\ k_{MN} & k_{MN} & \cdots & k_{MN} \end{pmatrix} \tag{7.15}$$

对于 $\dfrac{\partial}{\partial y}\left(k\dfrac{\partial T}{\partial y}\right)$，根据 Chebyshev 求导矩阵可得

$$k\frac{\partial \boldsymbol{T}}{\partial y} = \boldsymbol{K}.*\begin{pmatrix} \boldsymbol{D}_M & & & \\ & \boldsymbol{D}_M & & \\ & & \ddots & \\ & & & \boldsymbol{D}_M \end{pmatrix}\cdot \boldsymbol{T}^{n+1} \tag{7.16}$$

$$\frac{\partial}{\partial y}\left(k\frac{\partial \boldsymbol{T}}{\partial y}\right) = \begin{pmatrix} \boldsymbol{D}_M & & & \\ & \boldsymbol{D}_M & & \\ & & \ddots & \\ & & & \boldsymbol{D}_M \end{pmatrix}\left[\boldsymbol{K}.*\begin{pmatrix} \boldsymbol{D}_M & & & \\ & \boldsymbol{D}_M & & \\ & & \ddots & \\ & & & \boldsymbol{D}_M \end{pmatrix}\right]\cdot \boldsymbol{T}^{n+1}$$

$$= \left(\boldsymbol{I}_{N+1}\otimes \boldsymbol{D}_M\right)\cdot\left[\boldsymbol{K}.*\left(\boldsymbol{I}_{N+1}\otimes \boldsymbol{D}_M\right)\right]\cdot \boldsymbol{T}^{n+1} \tag{7.17}$$

同理可得

$$\frac{\partial}{\partial x}\left(k\frac{\partial \boldsymbol{T}}{\partial x}\right) = \left(\boldsymbol{D}_N\otimes \boldsymbol{I}_{M+1}\right)\cdot\left[\boldsymbol{K}.*\left(\boldsymbol{D}_N\otimes \boldsymbol{I}_{M+1}\right)\right]\cdot \boldsymbol{T}^{n+1} \tag{7.18}$$

其次，对 $\dfrac{\partial \boldsymbol{T}}{\partial t}$ 进行向后差分近似处理。这时，二维变系数地温场方程(7.4)可以按 Chebyshev 求导矩阵写成

$$\rho c_p \frac{\boldsymbol{T}^{n+1}-\boldsymbol{T}^n}{\Delta t} = \Big\{\left(\boldsymbol{I}_{N+1}\otimes \boldsymbol{D}_M\right)\cdot\left[\boldsymbol{K}.*\left(\boldsymbol{I}_{N+1}\otimes \boldsymbol{D}_M\right)\right]$$

$$+\left(\boldsymbol{D}_N\otimes \boldsymbol{I}_{M+1}\right)\cdot\left[\boldsymbol{K}.*\left(\boldsymbol{D}_N\otimes \boldsymbol{I}_{M+1}\right)\right]\Big\}\boldsymbol{T}^{n+1} \tag{7.19}$$

整理后，得

$$\left\{\frac{1}{\Delta t}\boldsymbol{I}_{(N+1)\times(M+1)}-\frac{\left(\boldsymbol{I}_{N+1}\otimes\boldsymbol{D}_M\right)\cdot\left[\boldsymbol{K}.*\left(\boldsymbol{I}_{N+1}\otimes\boldsymbol{D}_M\right)\right]}{\rho c_p}\right.$$

$$\left.-\frac{\left(\boldsymbol{D}_N\otimes\boldsymbol{I}_{M+1}\right)\cdot\left[\boldsymbol{K}.*\left(\boldsymbol{D}_N\otimes\boldsymbol{I}_{M+1}\right)\right]}{\rho c_p}\right\}\boldsymbol{T}^{n+1}=\frac{1}{\Delta t}\boldsymbol{T}^n \tag{7.20}$$

当 $\boldsymbol{T}^n$ 已知时，求解线性方程组(7.20)即可求出 $\boldsymbol{T}^{n+1}$。因此，代入初始条件和边界条件，求解线性方程组即可得不同时刻各节点的温度分布。

下面，我们利用变系数隐式差分格式计算二维模型的地温场。模型的介质密度 $\rho=3000\ \mathrm{kg/m^3}$，比热容 $c_p=1000\ \mathrm{J/(kg\cdot K)}$，背景热导率 $k=3\ \mathrm{W/(m\cdot K)}$，热源位置的热导率 $k=10\ \mathrm{W/(m\cdot K)}$（$x$ 方向 $300\sim700\ \mathrm{km}$，y 方向 $300\sim700\ \mathrm{km}$ 处）。边界均取为 Dirichlet 边界条件，且边界处的温度为 $1000\ \mathrm{K}$，同时初始温度设置如图 7.4 所示。数值计算的网格大小取为 $Nx=Ny=50$，时间间隔 $\Delta t=5\ \mathrm{Ma}$。

Chebyshev 谱方法计算二维变系数地温场方程的 Matlab 代码如下：

```
%Chebyshev 谱方法计算二维变系数地温场方程
clear all;
%模型参数设置
cp=1000;
rho=3000;
rhocp=rho*cp;
a=0;b=1000000;
xsize=b-a;
c=0;d=1000000;
ysize=d-c;
Nx=50;
[Dx,xi]=cheb(Nx);
Dx=Dx/((b-a)/2);
Ny=50;
[Dy,eta]=cheb(Ny);
Dy=Dy/((d-c)/2);
x=(a+b)/2+xi*(b-a)/2;
y=(c+d)/2+eta*(d-c)/2;
for i=1:Ny+1
    for j=1:Nx+1
```

```
        k(i,j)=3;
        if(y(i)>ysize*0.3&&y(i)<ysize*0.7&&x(j)>xsize*
        0.3&&x(j)<xsize*0.7)
            k(i,j)=10;
        end
    end
end
%时间间隔设置，单位：Ma
dt=5*(1e+6*365.25*24*3600);
tsum=50*(1e+6*365.25*24*3600);
t=0:dt:tsum;
%设置初始温度分布
T_back=1000;
T_wave=1300;
T=zeros(Ny+1,Nx+1,length(t));
%初始条件
for i=1:Ny+1
    for j=1:Nx+1
        T(i,j,1)=T_back;
        if(y(i)>ysize*0.3&&y(i)<ysize*0.7&&x(j)>xsize*
        0.3&&x(j)<xsize*0.7)
            T(i,j,1)=T_wave;
        end
    end
end
TT(:,1)=reshape(T(:,:,1),(Ny+1)*(Nx+1),1);
%Chebyshev 谱方法计算
k_new=reshape(k,(Nx+1)*(Ny+1),1);
for i=1:(Nx+1)*(Ny+1)
    K(:,i)=k_new;
end
K=sparse(K);
I1=eye(Ny+1);
Lx=kron(Dx,I1)*(K.*kron(Dx,I1));
```

```
I2=eye(Nx+1);
Ly=kron(I2,Dy)*(K.*kron(I2,Dy));
Lxy=Lx+Ly;
for n=2:size(t,2)
    L=eye((Nx+1)*(Ny+1))-(dt/rhocp)*Lxy;
    for i=1:Ny+1
        for j=1:Nx+1
            s=(j-1)*(Ny+1)+i;
            if(i==1||i==Ny+1||j==1||j==Nx+1)
                L(s,:)=0;
                L(s,s)=1;
            end
        end
    end
    TT(:,n)=L\TT(:,n-1);
    %加入边界条件
    T(:,:,n)=reshape(TT(:,n),Ny+1,Nx+1);
    T(1,:,n)=T_back;
    T(Ny+1,:,n)=T_back;
    T(:,1,n)=T_back;
    T(:,Nx+1,n)=T_back;
    %图示计算结果
    imagesc(x/1000,y/1000,T(:,:,n));
    colorbar;
    title(['数值解：t=',num2str(t(n)/(1e+6*365.25*24*3600)),
    'Ma']);
    xlabel('x(km)');
    ylabel('y(km)');
    drawnow;
    pause(0.1);
end
```

利用上述二维变系数 Chebyshev 谱方法程序计算并图示 t=50 Ma，100 Ma，150 Ma，200 Ma，250 Ma 和 300 Ma 时二维模型的地温场分布，如图 7.6 所示。

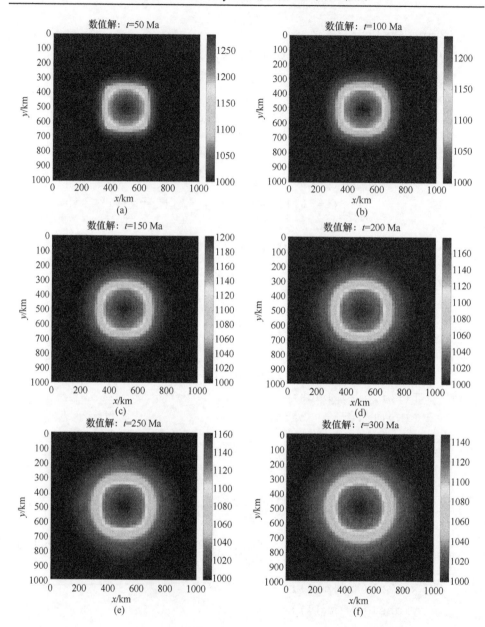

图 7.6　二维变系数地温场模型的 Chebyshev 谱方法数值计算结果

第8章 地震波场的 Chebyshev 谱方法正演计算

地震波场数值模拟简单说来，就是已知地下介质构造及其参数，再利用理论计算方法来研究地震波在地下介质的传播规律，合成地震记录的一种技术方法。随着地震勘探技术的发展，数值模拟方法已经贯穿于地震数据的采集、处理和解释的全过程，而且在确定观测的合理性、检验处理和解释的正确性等方面都有了广泛的应用。

地震波场模拟的数值方法主要有伪谱法、有限差分法和有限单元法。本章利用 Chebyshev 谱方法计算地震波场响应，详细推导正演算法，并编写 Matlab 计算程序。

8.1 地震波场正演基本理论

8.1.1 声波方程的建立

为了研究地震波形成的物理机制和传播规律，必须建立波的运动方程(波动方程)。为了使问题简化，首先讨论一弹性杆体积元受单向正应力所产生的波动方程。

考虑均匀细长杆介质中的一个小体积元，受力后沿 x 方向作微小振动。令 $\sigma_{xx}(x,t)$ 为 t 时刻在 A 点沿 x 方向的应力，$u(x,t)$ 为该时刻沿同一方向的位移，A、B 两质点离原点的距离分别为 x 和 $x+\Delta x$ ，如图 8.1 所示。

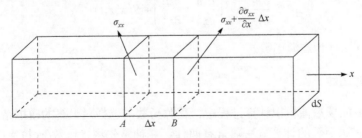

图 8.1 x 方向应力引起细杆元的形变

由于应力在 x 方向的分布是变化的，在 A、B 两点所受的应力分别为 σ_{xx} 和

$\sigma_{xx} + \dfrac{\partial \sigma_{xx}}{\partial x}\Delta x$，则应力差引起体积元内部质点发生相对位移。设体积元质心的位

移为 $u(x,t)$，并认为作用在面元 $\mathrm{d}S$ 上的力等于该面元中心的应力乘上它的面积。

根据牛顿第二定律，当外力(体力)作用已结束时，由应力的变化产生的波动方

程为

$$\left(\sigma_{xx} + \frac{\partial \sigma_{xx}}{\partial x}\Delta x\right)\mathrm{d}S = \rho\,\mathrm{d}S\Delta x \cdot \frac{\partial^2 u}{\partial t^2} \tag{8.1}$$

式中，ρ 为体积元的密度；$\mathrm{d}S$ 为截面积。

　　将式(8.1)化简可得

$$\frac{\partial \sigma_{xx}}{\partial x} = \rho \frac{\partial^2 u}{\partial t^2} \tag{8.2}$$

根据杨氏模量计算公式有

$$\sigma_{xx} = Ee_{xx} = E\frac{\partial u}{\partial t} \tag{8.3}$$

将式(8.3)代入式(8.2)得

$$\frac{\partial^2 u}{\partial t^2} = \frac{E}{\rho} \cdot \frac{\partial^2 u}{\partial x^2} = v^2 \frac{\partial^2 u}{\partial x^2} \tag{8.4}$$

式(8.4)即为一维弹性杆正应力产生的纵波波动方程或声波波动方程，$v = \sqrt{E/\rho}$

为地震波在介质中的传播速度。

　　若考虑震源函数 $S(x,t)$ 的作用，我们可得一维声波波动方程为(Igel，2016)

$$\frac{\partial^2 u}{\partial t^2} = v^2 \frac{\partial^2 u}{\partial x^2} + S(x,t) \tag{8.5}$$

　　一般地，二维均匀介质的声波波动方程可表示为

$$\frac{\partial^2 u}{\partial t^2} = v^2 \left(\frac{\partial^2 u}{\partial x^2} + \frac{\partial^2 u}{\partial z^2}\right) + S(x,z,t) \tag{8.6}$$

式中，$S(x,z,t)$ 为震源函数。

8.1.2　震源函数

　　在地震波场数值模拟计算过程中，震源函数的选择对最终的模拟结果有着重

要影响。震源函数的计算方法通常有两种：一种是先将 δ 函数(狄拉克函数)加入

到差分方程中，再与子波函数做褶积。

　　δ 函数是为了表示集中在一点起作用的物理量的分布密度而被物理学家

Dirac 在研究量子力学时首先引入的，δ 函数的表达式为

$$\delta(x) = \begin{cases} 0, & x \neq 0 \\ \infty, & x = 0 \end{cases} \tag{8.7}$$

且

$$\int_{-\infty}^{\infty} \delta(x - x_0) \mathrm{d}x = 1 \tag{8.8}$$

$$\int_{-\infty}^{\infty} \delta(x - x_0) f(x) \mathrm{d}x = f(x_0) \tag{8.9}$$

这种方法的震源除了自由表面或内界面附近，可以在模型的其他任意处进行定义，能够准确地反映任一时刻震源项对波场值的影响，但是这种方法增加了褶积的计算量，降低了计算速度和效率。

另一种方法是先将子波函数 $f(t)$ 进行离散，计算出各个时间间隔 Δt 的子波函数值，然后再直接在 Δt 时刻将 $f(\Delta t)$ 的值加到初始时刻的波场值上。这种方法可以将震源定义在自由表面的附近，但震源的位置必须在网格点上。实际中的地震子波是一个很复杂的问题，因为地震子波与地层岩石性质有关，地层岩石性质本身就是一个复杂体。为了研究方便，仍需要对地震子波进行模拟，目前普遍认为里克提出的地震子波数学模型具有广泛的代表性，即称里克子波(Ricker wavelet)。里克子波的表达式为

$$f(t) = \left[1 - 2\pi^2 f_0^2 (t - t_0)^2 \right] \mathrm{e}^{-\pi^2 f_0^2 (t - t_0)^2} \tag{8.10}$$

式中，$f(t)$ 为里克子波；t_0 为延迟时间；f_0 为主频率。下面我们给出里克子波的 Matlab 函数代码：

```
function f=ricker(f0,t,t0)
%f0: 主频率
%t:  采样时间
%t0: 延迟时间
f=(1-(2*((pi)^2)*(f0^2)*(t-t0)^2))*(exp(-((pi)^2)*(f0^2)*
( t-t0)^2));
```

由于计算地震波场过程中会出现数值频散，尤其当空间采样不足时，子波的高频成分频散就会更严重，因此要根据模型的速度及网格间距合理选择子波主频。

8.1.3　吸收边界条件

利用计算机进行地震波场数值模拟时，由于计算模型是大小有限的区域，这样就会存在人工边界。这些人为的边界是很好的反射面，当地震波传播到人工边

界时，就会有波反射回来，这些反射波会干扰真实波场，造成假象。为了消除或减弱这些人为干扰，有一种想法是把模型设置得足够大，当人工反射波已经不能干扰到需要研究的区域时，得到的就是研究区域的真实波场信息，但这样会消耗大量存储空间和计算时间，所以这种思路不可取。这里，我们介绍 Clayton-Engquist 吸收边界处理方法(Clayton and Engquist, 1977; Gao et al., 2017)。

Clayton 和 Engquist 利用波动方程旁轴近似理论，提出了关于地震波动方程的三种吸收边界条件：

$$\text{A1：}\quad \frac{\partial u}{\partial x}+\frac{1}{v}\frac{\partial u}{\partial t}=0 \tag{8.11}$$

$$\text{A2：}\quad \frac{\partial^2 u}{\partial x \partial t}+\frac{1}{v}\frac{\partial^2 u}{\partial t^2}-\frac{v}{2}\frac{\partial^2 u}{\partial z^2}=0 \tag{8.12}$$

$$\text{A3：}\quad \frac{\partial^3 u}{\partial x \partial t^2}-\frac{v^2}{4}\frac{\partial^3 u}{\partial x \partial z^2}+\frac{1}{v}\frac{\partial^3 u}{\partial t^3}-\frac{3v}{4}\frac{\partial^3 u}{\partial t \partial z^2}=0 \tag{8.13}$$

其中，A1、A2 和 A3 分别为 1 阶、2 阶与 3 阶旁轴近似的右端吸收边界条件。

8.2　一维声波方程的 Chebyshev 谱方法计算

8.2.1　一维自由边界

对于一维声波方程的数值求解，首先需要将空间变量离散化为向量 $\boldsymbol{x}=\left(x_0,x_1,\cdots,x_N\right)^{\mathrm{T}}$，相应地，$v(x)$ 被离散化为向量 $\boldsymbol{v}=\left(v_0,v_1,\cdots,v_N\right)^{\mathrm{T}}$、$u(x)$ 被离散化为向量 $\boldsymbol{u}=\left(u_0,u_1,\cdots,u_N\right)^{\mathrm{T}}$。于是，根据 Chebyshev 求导矩阵可得

$$v^2\frac{\partial^2 u}{\partial x^2}=\begin{pmatrix} v_0 & v_0 & \cdots & v_0 \\ v_1 & v_1 & \cdots & v_1 \\ \vdots & \vdots & & \vdots \\ v_N & v_N & \cdots & v_N \end{pmatrix}.*\begin{pmatrix} v_0 & v_0 & \cdots & v_0 \\ v_1 & v_1 & \cdots & v_1 \\ \vdots & \vdots & & \vdots \\ v_N & v_N & \cdots & v_N \end{pmatrix}.*\boldsymbol{D}_N^2\boldsymbol{u}^{k+1} \tag{8.14}$$

其次，需要对 $\dfrac{\partial^2 \boldsymbol{u}}{\partial t^2}$ 进行二阶差商近似处理，则有

$$\frac{\partial^2 \boldsymbol{u}}{\partial t^2}=\frac{\boldsymbol{u}^{k+1}-2\boldsymbol{u}^k+\boldsymbol{u}^{k-1}}{\Delta t^2} \tag{8.15}$$

因此，不含震源函数项一维声波波动方程(8.5)按 Chebyshev 求导矩阵写成

$$\frac{\boldsymbol{u}^{k+1}-2\boldsymbol{u}^{k}+\boldsymbol{u}^{k-1}}{\Delta t^{2}}=\begin{pmatrix} v_{0} & v_{0} & \cdots & v_{0} \\ v_{1} & v_{1} & \cdots & v_{1} \\ \vdots & \vdots & & \vdots \\ v_{N} & v_{N} & \cdots & v_{N} \end{pmatrix}.*\begin{pmatrix} v_{0} & v_{0} & \cdots & v_{0} \\ v_{1} & v_{1} & \cdots & v_{1} \\ \vdots & \vdots & & \vdots \\ v_{N} & v_{N} & \cdots & v_{N} \end{pmatrix}.*\boldsymbol{D}_{N}^{2}\boldsymbol{u}^{k+1} \quad (8.16)$$

式中，'.*'表示矩阵的点乘。

令

$$\boldsymbol{V}=\begin{pmatrix} v_{0} & v_{0} & \cdots & v_{0} \\ v_{1} & v_{1} & \cdots & v_{1} \\ \vdots & \vdots & & \vdots \\ v_{N} & v_{N} & \cdots & v_{N} \end{pmatrix}.*\begin{pmatrix} v_{0} & v_{0} & \cdots & v_{0} \\ v_{1} & v_{1} & \cdots & v_{1} \\ \vdots & \vdots & & \vdots \\ v_{N} & v_{N} & \cdots & v_{N} \end{pmatrix}$$

整理式(8.16)可得

$$\left(\frac{\boldsymbol{I}}{\Delta t^{2}}-\boldsymbol{V}.*\boldsymbol{D}_{N}^{2}\right)\boldsymbol{u}^{k+1}=\frac{2}{\Delta t^{2}}\boldsymbol{u}^{k}-\frac{1}{\Delta t^{2}}\boldsymbol{u}^{k-1} \quad (8.17)$$

当 $\boldsymbol{u}^{k-1}$、$\boldsymbol{u}^{k}$ 已知时，求解线性方程组(8.17)即可求出 $\boldsymbol{u}^{k+1}$。因此，代入震源函数项、初始条件和边界条件，求解线性方程组即可得不同时刻各节点 $\boldsymbol{u}$。需要说明的是，这里的差分格式为隐式差分。

下面，我们利用 Chebyshev 谱方法计算一维均匀模型的地震波场，其边界取为自由边界。模型的速度为 2500 m/s，密度为常数，网格大小为 $N=400$。为了避免出现离散数值色散(Schuster，2017)，我们采样时间间隔取 $\Delta t=10^{-5}$ s。同时，震源坐标设置在 $x=1000$ m 处，子波频率为 10 Hz。

Chebyshev 谱方法计算一维声波波动方程的 Matlab 代码如下：

```
%Chebyshev 谱方法计算一维声波方程
clear all;
%网格剖分信息
a=0;
b=2000;
N=400;
[D,xi]=cheb(N);
D=D/((b-a)/2);
x=(a+b)/2+xi*(b-a)/2;
%震源信息
dt=1e-5;
t=0:dt:1.0;
```

```
f=10;
t0=0.1;
srcx=round((N+1)/2);
%介质信息
v=zeros(N+1,1)+2500;
for j=1:length(v)
    v_new(:,j)=v;
end
u=zeros(N+1,length(t)+2);
u(:,1)=0;          %初始位移
u(:,2)=0+dt*0;    %初始速度
%Chebyshev 谱方法计算
D2=D^2;
for i=2:length(t)+1
    u(srcx,i)=ricker(f,t(i-1),t0);
    I=eye(N+1);
    L=I/dt/dt-v_new.*v_new.*D2;
    P=(2/dt/dt)*u(:,i)-(1/dt/dt)*u(:,i-1);
    L(1,:)=0;L(1,1)=1;P(1)=0;
    L(N+1,:)=0;L(N+1,N+1)=1;P(N+1)=0;
    u(:,i+1)=L\P;
    %图示计算结果
    plot(x,u(:,i+1));
    xlabel('Distance(m)');
    ylabel('Displacement(m)');
    title(['t=',num2str(1000*t(i-1)),'ms']);
    set(gca,'YLim',[-1 1]);
    pause(0.01);
end
```

利用上述一维 Chebyshev 谱方法程序计算并图示 t=100 ms，200 ms，300 ms，400 ms，500 ms，600 ms，700 ms 和 800 ms 时的一维波场响应，如图 8.2 所示。从图上可以看出，当波传播至边界时，在边界处产生了很强的反射，这是我们在进行数值模拟计算时所不期望出现的。

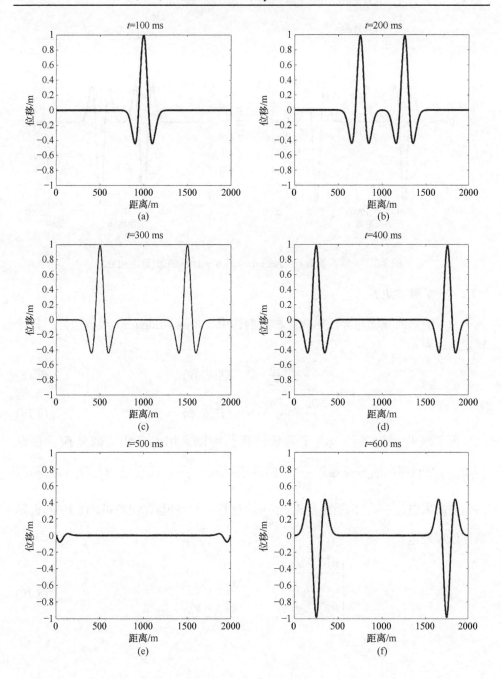

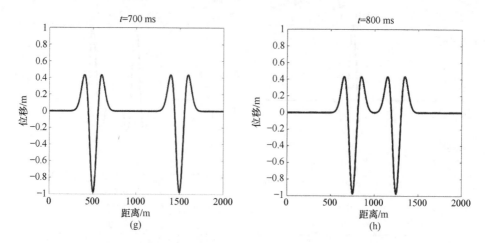

图 8.2　一维声波方程 Chebyshev 谱方法计算结果(自由边界)

8.2.2　一维吸收边界

为了消除或减弱边界反射效应，我们选用 Clayton-Engquist 吸收边界，其计算表达式为

$$\frac{\partial u}{\partial t} - v\frac{\partial u}{\partial x} = 0 \quad (\text{左边界}) \tag{8.18}$$

$$\frac{\partial u}{\partial t} + v\frac{\partial u}{\partial x} = 0 \quad (\text{右边界}) \tag{8.19}$$

由于吸收边界条件包含了导数，我们可以采用差分法近似处理。在点 (x_0, t_{k+1}) 处利用向前差商逼近 $\frac{\partial u}{\partial x}$，向后差商逼近 $\frac{\partial u}{\partial t}$；而在点 (x_{N+1}, t_{k+1}) 处利用向后差商来逼近 $\frac{\partial u}{\partial x}$，向后差商逼近 $\frac{\partial u}{\partial t}$，这样我们得出式(8.18)和式(8.19)的边界条件处理表达式

$$\begin{cases} \dfrac{u_0^{k+1} - u_0^k}{\Delta t} - v_1 \dfrac{u_1^{k+1} - u_0^{k+1}}{\Delta x_1} = 0 \\ \dfrac{u_{N+1}^{k+1} - u_{N+1}^k}{\Delta t} + v_{N+1} \dfrac{u_{N+1}^{k+1} - u_N^{k+1}}{\Delta x_N} = 0 \end{cases} \tag{8.20}$$

即

$$\begin{cases} \left(\dfrac{1}{\Delta t} + \dfrac{v_1}{\Delta x_1}\right)u_0^{k+1} - \dfrac{v_1}{\Delta x_1}u_1^{k+1} = \dfrac{1}{\Delta t}u_0^k \\ \left(\dfrac{1}{\Delta t} + \dfrac{v_{N+1}}{\Delta x_N}\right)u_{N+1}^{k+1} - \dfrac{v_{N+1}}{\Delta x_N}u_N^{k+1} = \dfrac{1}{\Delta t}u_{N+1}^k \end{cases} \tag{8.21}$$

容易看出，这样的边界条件处理具有一阶精度。

　　下面，我们利用 Chebyshev 谱方法计算一维均匀模型的地震波场，其边界取为 Clayton-Engquist 吸收边界。模型的速度为 2500 m/s，密度为常数，网格大小为 $N = 400$，采样时间间隔 $\Delta t = 10^{-5}$ s。同时，震源坐标设置在 x=1000 m 处，子波频率为 10 Hz。

　　加入 Clayton-Engquist 吸收边界，Chebyshev 谱方法计算的 Matlab 代码如下：

```
%Chebyshev 谱方法计算一维声波方程(Clayton-Engquist 吸收边界处理)
clear all;
%网格剖分信息
a=0;
b=2000;
N=400;
[D,xi]=cheb(N);
D=D/((b-a)/2);
x=(a+b)/2+xi*(b-a)/2;
%震源信息
dt=1e-5;
t=0:dt:1.0;
f=10;
t0=0.1;
srcx=round((N+1)/2);
%介质信息
v=zeros(N+1,1)+2500;
for j=1:length(v)
    v_new(:,j)=v;
end
u=zeros(N+1,length(t)+2);
u(:,1)=0;        %初始位移
u(:,2)=0+dt*0; %初始速度
%Chebyshev 谱方法计算
D2=D^2;
for i=2:length(t)+1
    u(srcx,i)=ricker(f,t(i-1),t0);
    I=eye(N+1);
    L=I/dt/dt-v_new.*v_new.*D2;
```

```
P=(2/dt/dt)*u(:,i)-(1/dt/dt)*u(:,i-1);
%Clayton-Engquist 吸收边界
L(1,:)=0;
L(1,1)=1/dt+v(1)/(x(2)-x(1));L(1,1+1)=-(v(1)/
(x(2)-x(1)));
P(1)=(u(1,i))/dt;
L(N+1,:)=0;
L(N+1,N+1)=1/dt+v(N+1)/(x(N+1)-x(N));L(N+1,N)=
-(v(N+1)/(x(N+1)-x(N)));
P(N+1)=(u(N+1,i))/dt;
%线性方程组求解
u(:,i+1)=L\P;
%图示计算结果
plot(x,u(:,i+1));
xlabel('Distance(m)');
ylabel('Displacement(m)');
title(['t=',num2str(1000*t(i-1)),'ms']);
set(gca,'YLim',[-1 1]);
pause(0.01);
end
```

利用上述一维 Chebyshev 谱方法程序计算并图示 t=100 ms，200 ms，300 ms，400 ms，500 ms，600 ms，700 ms 和 800 ms 时的声波波场响应，如图 8.3 所示。当波传播至左右边界处时，反射已经减弱，说明吸收边界很好地吸收了边界处的反射。

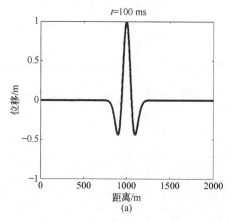

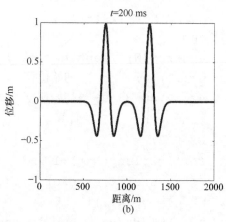

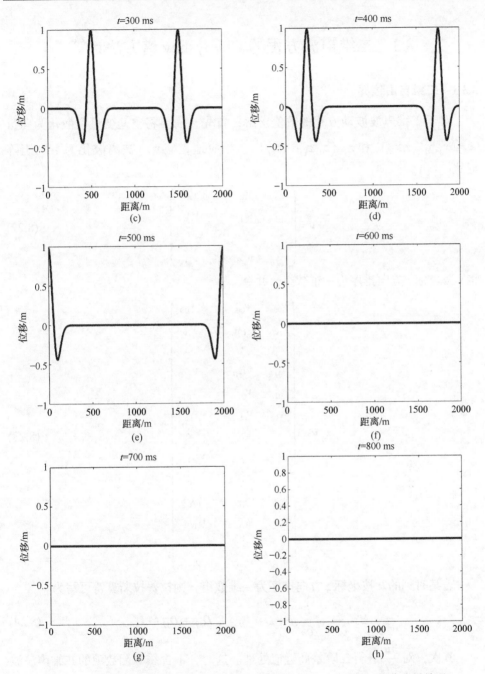

图 8.3　一维声波方程 Chebyshev 谱方法计算结果(Clayton-Engquist 吸收边界处理)

8.3　二维声波方程的 Chebyshev 谱方法计算

8.3.1　二维自由边界

对于二维声波波动方程的数值求解，首先，需要将空间变量离散化为向量 $\boldsymbol{x} = \left(x_0, x_1, \cdots, x_N\right)^{\mathrm{T}}$ 和 $\boldsymbol{z} = \left(z_0, z_1, \cdots, z_M\right)^{\mathrm{T}}$，相应地，$v(x, z)$ 被离散化为下列矩阵形式

$$\boldsymbol{v} = \begin{pmatrix} v_{00} & v_{01} & \cdots & v_{0N} \\ v_{10} & v_{11} & \cdots & v_{1N} \\ \vdots & \vdots & & \vdots \\ v_{M0} & v_{M1} & \cdots & v_{MN} \end{pmatrix} \tag{8.22}$$

将 $\boldsymbol{v}$ 按坐标 z 方向排序为一维数组，并令

$$\boldsymbol{V} = \begin{pmatrix} v_{00} & v_{00} & \cdots & v_{00} \\ v_{10} & v_{10} & \cdots & v_{10} \\ \vdots & \vdots & & \vdots \\ v_{M0} & v_{M0} & \cdots & v_{M0} \\ v_{01} & v_{01} & \cdots & v_{01} \\ v_{11} & v_{11} & \cdots & v_{11} \\ \vdots & \vdots & & \vdots \\ v_{M1} & v_{M1} & \cdots & v_{M1} \\ \vdots & \vdots & & \vdots \\ v_{0N} & v_{0N} & \cdots & v_{0N} \\ v_{1N} & v_{1N} & \cdots & v_{1N} \\ \vdots & \vdots & & \vdots \\ v_{MN} & v_{MN} & \cdots & v_{MN} \end{pmatrix} \tag{8.23}$$

若某时刻的 $\boldsymbol{u}$ 按坐标 z 方向排序为一维数组，则拉普拉斯算符可写为

$$\Delta = \frac{\partial^2}{\partial x^2} + \frac{\partial^2}{\partial z^2} \rightarrow \boldsymbol{L} = \boldsymbol{I}_{N+1} \otimes \boldsymbol{D}_M^2 + \boldsymbol{D}_N^2 \otimes \boldsymbol{I}_{M+1} \tag{8.24}$$

其次，对 $\dfrac{\partial \boldsymbol{u}}{\partial t}$ 进行二阶差商近似处理。这时，不含震源函数项的二维声波波动方程(8.6)可以按 Chebyshev 求导矩阵写成

$$\frac{\boldsymbol{u}^{k+1} - 2\boldsymbol{u}^k + \boldsymbol{u}^{k-1}}{\Delta t^2} = \boldsymbol{V} \cdot {}^* \boldsymbol{V} \cdot {}^* \left(\boldsymbol{I}_{N+1} \otimes \boldsymbol{D}_M^2 + \boldsymbol{D}_N^2 \otimes \boldsymbol{I}_{M+1}\right) \boldsymbol{u}^{k+1} \tag{8.25}$$

整理后，得

$$\left[\frac{I}{\Delta t^2} - V.*V.*\left(I_{N+1} \otimes D_M^2 + D_N^2 \otimes I_{M+1}\right)\right]u^{k+1} = \frac{2}{\Delta t^2}u^k - \frac{1}{\Delta t^2}u^{k-1} \qquad (8.26)$$

当 u^{k-1}、u^k 已知时，求解线性方程组(8.26)即可求出 u^{k+1}。因此，代入震源函数项、初始条件和边界条件，求解线性方程组即可得不同时刻各节点 u。

下面，我们利用 Chebyshev 谱方法计算二维均匀模型的地震波场，其边界取为自由边界。模型的速度为 2500 m/s，密度为常数，网格大小为 100×100，采样时间间隔为 $\Delta t = 1\,\text{ms}$。同时，震源坐标设置为(1000 m，1000 m)，子波频率为 10 Hz。

Chebyshev 谱方法计算二维声波波动方程的 Matlab 代码如下：

```
%二维声波方程的 Chebyshev 谱方法求解
clear all;
%网格剖分信息
clear all;
a=0;b=2000;
c=0;d=2000;
Nx=100;
[Dx,xi]=cheb(Nx);
Dx=Dx/((b-a)/2);
Ny=100;
[Dy,eta]=cheb(Ny);
Dy=Dy/((d-c)/2);
x=(a+b)/2+xi*(b-a)/2;
y=(c+d)/2+eta*(d-c)/2;
%震源信息
T=1.0;
dt=1e-3;
N=round(T/dt);
f=10;
t0=0.1;
xs=round((Nx+1)/2);
ys=round((Ny+1)/2);
%介质信息
v=zeros(Ny+1,Nx+1)+2500;
```

```
v_new=reshape(v,(Nx+1)*(Ny+1),1);
for i=1:(Nx+1)*(Ny+1)
    V(:,i)=v_new;
end
p2=zeros(Ny+1,Nx+1);
p1=zeros(Ny+1,Nx+1);
p0=zeros(Ny+1,Nx+1);
%构造 Chebyshev 求导矩阵
Dx2=Dx^2;
I1=eye(Ny+1);
Lx=kron(Dx2,I1);
Dy2=Dy^2;
I2=eye(Nx+1);
Ly=kron(I2,Dy2);
Lxy=Lx+Ly;
for k=1:N
    t=k*dt;
    p1(ys,xs)=ricker(f,t,t0);
    I=eye((Nx+1)*(Ny+1));
    L=I/dt/dt-V.*V.*Lxy;
    P=(2/dt/dt)*reshape(p1,(Ny+1)*(Nx+1),1)-...
        (1/dt/dt)*reshape(p0,(Ny+1)*(Nx+1),1);
    for i=1:Ny+1
        for j=1:Nx+1
            s=(j-1)*(Ny+1)+i;
            if(i==1||i==Ny+1||j==1||j==Nx+1)
                L(s,:)=0;
                L(s,s)=1;
                P(s,1)=0;
            end
        end
    end
    p_new=L\P;
    p2=reshape(p_new,Ny+1,Nx+1);
    p0=p1;
```

```
p1=p2;
xx=0:10:2000;
yy=0:10:2000;
[xi,yi]=meshgrid(xx,yy);
p2_new=interp2(x,y,p2,xi,yi,'spline');
imagesc(xi(1,:),yi(:,1),p2_new);
caxis([-0.07 0.07])
colorbar;
title(['数值解: t=',num2str(1000*k*dt),'ms']);
xlabel('Distance(m)');
ylabel('Depth(m)');
drawnow;
pause(0.1);
```
end

利用上述二维 Chebyshev 谱方法程序计算并图示 t=100 ms，200 ms，300 ms，400 ms，500 ms，600 ms，700 ms 和 800 ms 时的二维波场响应，如图 8.4 所示。

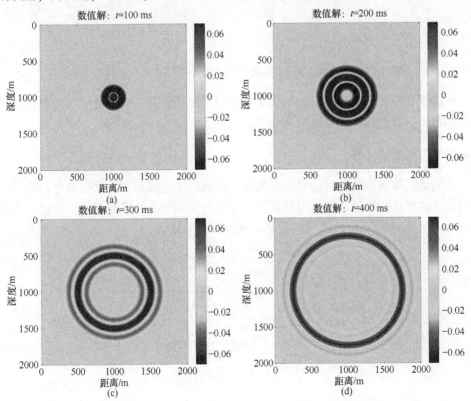

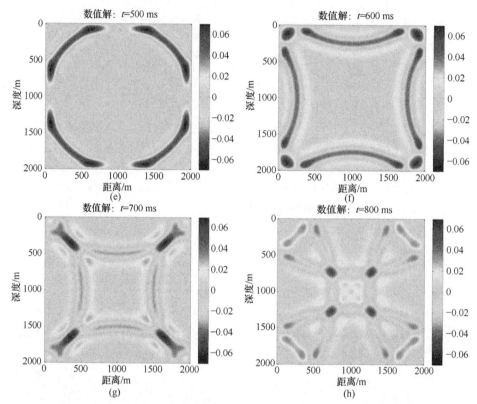

图 8.4　二维声波方程 Chebyshev 谱方法计算结果(无吸收边界处理)

从波场快照图可以看出，当波传播至边界时，在边界处产生了很强的反射，这是我们在进行数值模拟计算时所不期望出现的。

8.3.2　二维吸收边界

为了消除或减弱这种边界反射效应，得到地质地层真实的反射信息，就需要对人工边界进行处理，从而得到更接近于实际空间中波的传播规律。这里，我们选用一阶 Clayton-Engquist 吸收边界，其计算表达式为

$$\frac{\partial u}{\partial t} - v\frac{\partial u}{\partial x} = 0 \quad (\text{左边界}) \tag{8.27}$$

$$\frac{\partial u}{\partial t} + v\frac{\partial u}{\partial x} = 0 \quad (\text{右边界}) \tag{8.28}$$

$$\frac{\partial u}{\partial t} - v\frac{\partial u}{\partial z} = 0 \quad (\text{上边界}) \tag{8.29}$$

$$\frac{\partial u}{\partial t} + v\frac{\partial u}{\partial z} = 0 \quad (\text{下边界}) \tag{8.30}$$

由于吸收边界条件包含了导数，我们采用差分法近似处理，这样便得出式 (8.27)～式(8.30)的边界条件处理表达式

$$\begin{cases} \dfrac{u_s^{k+1} - u_s^k}{\Delta t} - v\dfrac{u_{s+1}^{k+1} - u_s^{k+1}}{\Delta x_1} = 0 & (\text{左边界}) \\[3mm] \dfrac{u_s^{k+1} - u_s^k}{\Delta t} + v\dfrac{u_s^{k+1} - u_{s-1}^{k+1}}{\Delta x_N} = 0 & (\text{右边界}) \\[3mm] \dfrac{u_s^{k+1} - u_s^k}{\Delta t} - v\dfrac{u_{s+1}^{k+1} - u_s^{k+1}}{\Delta z_1} = 0 & (\text{上边界}) \\[3mm] \dfrac{u_s^{k+1} - u_s^k}{\Delta t} + v\dfrac{u_s^{k+1} - u_{s-1}^{k+1}}{\Delta z_M} = 0 & (\text{下边界}) \end{cases} \tag{8.31}$$

容易看出，这样的边界条件处理具有一阶精度。

下面，我们利用 Chebyshev 谱方法计算二维均匀模型的地震波场，其边界取为 Clayton-Engquist 吸收边界。模型的速度为 2500 m/s，密度为常数，网格大小为 100×100，采样时间间隔为 $\Delta t = 1\,\text{ms}$。同时，震源坐标设置为(1000 m，1000 m)，子波频率为 10 Hz。

加入 Clayton-Engquist 吸收边界条件，用 Chebyshev 谱方法计算二维声波波动方程的 Matlab 代码如下：

```
%二维声波方程的 Chebyshev 谱方法求解(Clayton-Engquist 吸收边界
处理)
clear all;
%网格剖分信息
clear all;
a=0;b=2000;
c=0;d=2000;
Nx=100;
[Dx,xi]=cheb(Nx);
Dx=Dx/((b-a)/2);
Ny=100;
[Dy,eta]=cheb(Ny);
Dy=Dy/((d-c)/2);
x=(a+b)/2+xi*(b-a)/2;
```

```
y=(c+d)/2+eta*(d-c)/2;
%震源信息
T=1.0;
dt=1e-3;
N=round(T/dt);
f=10;
t0=0.1;
xs=round((Nx+1)/2);
ys=round((Ny+1)/2);
%介质信息
v=zeros(Ny+1,Nx+1)+2500;
v_new=reshape(v,(Nx+1)*(Ny+1),1);
for i=1:(Nx+1)*(Ny+1)
    V(:,i)=v_new;
end
p2=zeros(Ny+1,Nx+1);
p1=zeros(Ny+1,Nx+1);
p0=zeros(Ny+1,Nx+1);
%构造 Chebyshev 求导矩阵
Dx2=Dx^2;
I1=eye(Ny+1);
Lx=kron(Dx2,I1);
Dy2=Dy^2;
I2=eye(Nx+1);
Ly=kron(I2,Dy2);
Lxy=Lx+Ly;
for k=1:N
    t=k*dt;
    p1(ys,xs)=ricker(f,t,t0);
    I=eye((Nx+1)*(Ny+1));
    L=I/dt/dt-V.*V.*Lxy;
    P=(2/dt/dt)*reshape(p1,(Ny+1)*(Nx+1),1)-...
        (1/dt/dt)*reshape(p0,(Ny+1)*(Nx+1),1);
    %Clayton-Engquist 吸收边界
```

```
for i=1:Ny+1
    for j=1:Nx+1
        s=(j-1)*(Ny+1)+i;
        pp1=reshape(p1,(Ny+1)*(Nx+1),1);
        if(j==1)
            L(s,:)=0;
            L(s,s)=1/dt+v(i,j)/(x(j+1)-x(j));
            L(s,s+Ny+1)=-(v(i,j)/(x(j+1)-x(j)));
            P(s,1)=pp1(s)/dt;
        elseif(j==Nx+1)
            L(s,:)=0;
            L(s,s)=1/dt+v(i,j)/(x(j)-x(j-1));
            L(s,s-Ny-1)=-(v(i,j)/(x(j)-x(j-1)));
            P(s,1)=pp1(s)/dt;
        elseif(i==1)
            L(s,:)=0;
            L(s,s)=1/dt+v(i,j)/(y(i+1)-y(i));
            L(s,s+1)=-(v(i,j)/(y(i+1)-y(i)));
            P(s,1)=pp1(s)/dt;
        elseif(i==Ny+1)
            L(s,:)=0;
            L(s,s)=1/dt+v(i,j)/(y(i)-y(i-1));
            L(s,s-1)=-(v(i,j)/(y(i)-y(i-1)));
            P(s,1)=pp1(s)/dt;
        end
    end
end
p_new=L\P;
p2=reshape(p_new,Ny+1,Nx+1);
p0=p1;
p1=p2;
xx=0:10:2000;
yy=0:10:2000;
[xi,yi]=meshgrid(xx,yy);
```

```
p2_new=interp2(x,y,p2,xi,yi,'spline');
imagesc(xi(1,:),yi(:,1),p2_new);
caxis([-0.07 0.07])
colorbar;
title(['数值解: t=',num2str(1000*k*dt),'ms']);
xlabel('Distance(m)');
ylabel('Depth(m)');
drawnow;
pause(0.1);
```
　　end

利用上述二维 Chebyshev 谱方法程序计算并图示 t=100 ms，200 ms，300 ms，400 ms，500 ms，600 ms，700 ms 和 800 ms 时的二维波场响应，如图 8.5 所示。从波场快照图可以看出，当波传播至边界处时，反射已经减弱，说明吸收边界很好地吸收了边界处的反射。

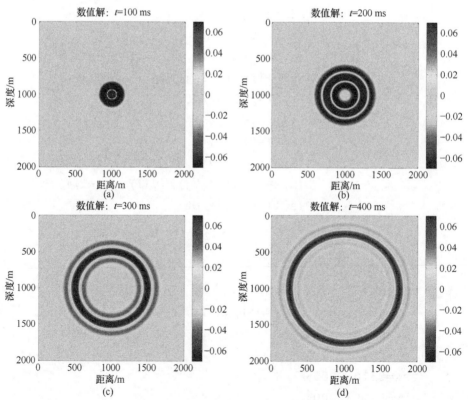

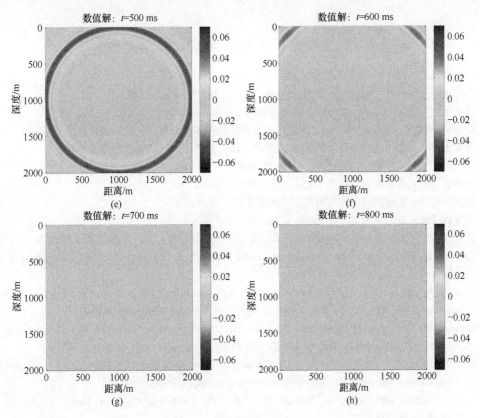

图 8.5　二维声波方程 Chebyshev 谱方法计算结果(Clayton-Engquist 吸收边界处理)

参 考 文 献

何继善. 2012. 海洋电磁法原理[M]. 北京：高等教育出版社.

李庆扬, 王能超, 易大义. 2008. 数值分析[M]. 5版. 北京：清华大学出版社.

刘安平, 李 星, 刘 婷, 等. 2009. 数学物理方程[M]. 武汉：武汉大学出版社.

柳建新, 童孝忠, 郭荣文, 等. 2012. 大地电磁测深法勘探[M]. 北京：科学出版社.

童孝忠. 2017. 数学物理方程与特殊函数(地球物理类)[M]. 长沙：中南大学出版社.

王元明. 2012. 工程数学：数学物理方程与特殊函数[M]. 4版. 北京：高等教育出版社.

吴崇试. 2015. 数学物理方法[M]. 北京：高等教育出版社.

徐世浙. 1994. 地球物理中的有限单元法[M]. 北京：科学出版社.

曾华霖. 2005. 重力场与重力勘探[M]. 北京：地质出版社.

张晓. 2015. Matlab微分方程高效解法：谱方法原理与实现[M]. 北京：机械工业出版社.

Asmar N H. 2004. Partial Differential Equation with Fourier Series and Boundary Value Problems[M]. Upper Saddle River: Prentice Hall Press.

Clayton R, Engquist B. 1977. Absorbing boundary conditions for acoustic and elastic wave equations[J]. Bulletin of the Seismological Society of America, 67(6)：1529-1540.

Eisinberg A, Fedele G. 2007. Discrete orthogonal polynomials on Gauss-Lobatto Chebyshev nodes[J]. Journal of Approximation Theory, 144(2): 238-246.

Gao Y J, Song H J, Zhang J H, et al. 2017. Comparison of artificial absorbing boundaries for acoustic wave equation modelling[J]. Exploration Geophysics, 48(1): 76-93.

Gerya T. 2009. Introduction to Numerical Geodynamic Modelling[M]. New York：Cambridge University Press.

Igel H. 2016. Computational Seismology: A Practical Introduction[M]. Oxford: Oxford University Press.

Schuster G T. 2017. Seismic Inversion: Investigations in Geophysics Series[M]. Tulsa: Society of Exploration Geophysicists.

Trefethen L N. 2000. Spectral Methods in Matlab[M]. Philadephia: Society for Industrial and Applied Mathematics.

附录 矩阵的 Kronecker 积

1. Kronecker 积的定义

设 A 是一个 $m \times n$ 的矩阵，$A = \left(a_{ij}\right)_{m \times n}$，而 B 是一个 $p \times q$ 的矩阵，$B = \left(b_{ij}\right)_{p \times q}$，Kronecker 积 $A \otimes B$ 可以表示成：

$$A \otimes B = \begin{bmatrix} a_{11}B & a_{12}B & \cdots & a_{1n}B \\ a_{21}B & a_{22}B & \cdots & a_{2n}B \\ \vdots & \vdots & & \vdots \\ a_{m1}B & a_{m2}B & \cdots & a_{mn}B \end{bmatrix}$$

它是一个 $mp \times nq$ 的分块矩阵，更具体地可表示为

$$A \otimes B = \begin{bmatrix} a_{11}b_{11} & a_{11}b_{12} & \cdots & a_{11}b_{1q} & a_{1n}b_{11} & a_{1n}b_{12} & \cdots & a_{1n}b_{1q} \\ a_{11}b_{21} & a_{11}b_{22} & \cdots & a_{11}b_{2q} & a_{1n}b_{21} & a_{1n}b_{22} & \cdots & a_{1n}b_{2q} \\ \vdots & \vdots & & \vdots & \vdots & \vdots & & \vdots \\ a_{11}b_{p1} & a_{11}b_{p2} & \cdots & a_{11}b_{pq} & a_{1n}b_{p1} & a_{1n}b_{p2} & \cdots & a_{1n}b_{pq} \\ \vdots & \vdots & & \vdots & \vdots & \vdots & & \vdots \\ a_{m1}b_{11} & a_{m1}b_{12} & \cdots & a_{m1}b_{1q} & a_{mn}b_{11} & a_{mn}b_{12} & \cdots & a_{mn}b_{1q} \\ a_{m1}b_{21} & a_{m1}b_{22} & \cdots & a_{m1}b_{2q} & a_{mn}b_{21} & a_{mn}b_{22} & \cdots & a_{mn}b_{2q} \\ \vdots & \vdots & & \vdots & \vdots & \vdots & & \vdots \\ a_{m1}b_{p1} & a_{m1}b_{p2} & \cdots & a_{m1}b_{pq} & a_{mn}b_{p1} & a_{mn}b_{p2} & \cdots & a_{mn}b_{pq} \end{bmatrix}$$

2. Kronecker 积的性质

1) 双线性结合律

Kronecker 积是张量积的特殊形式，因此满足双线性与结合律：

$$A \otimes \left(B + C\right) = A \otimes B + A \otimes C$$
$$\left(A + B\right) \otimes C = A \otimes C + B \otimes C$$
$$\left(kA\right) \otimes B = A \otimes \left(kB\right) = k\left(A \otimes B\right)$$
$$\left(A \otimes B\right) \otimes C = A \otimes \left(B \otimes C\right)$$

其中，A、B 和 C 是矩阵；k 是常量。

Kronecker 积不符合交换律：通常情况下，$A \otimes B$ 不同于 $B \otimes A$。

2) 混合乘积性质

如果 A、B、C 和 D 是四个矩阵，且矩阵乘积 AC 与 BD 存在，那么就有

$$(A \otimes B)(C \otimes D) = AC \otimes BD$$

这个性质称为"混合乘积性质"，因为它混合了通常的矩阵乘积和 Kronecker 积。于是可以推出，$A \otimes B$ 可逆的条件是当且仅当 A 和 B 存在可逆，其逆矩阵为

$$(A \otimes B)^{-1} = A^{-1} \otimes B^{-1}$$